"黔中水利枢纽工程重大关键技术研究与应用"
（黔科合重大专项字〔2012〕6013号）项目资助

长藤结瓜水库群
优化调度及智能监控

尹明万　邱春华　贺华翔　马　黎　向国兴　等　著

中国水利水电出版社
www.waterpub.com.cn
·北京·

内 容 提 要

本书研究了具有长藤结瓜网络结构的水库群优化调度和智能监控技术，概要地总结了相应领域的国内外研究进展；研究了水资源系统（包括水库群）存在的不确定性和容错性、来水与需水的周期性和相关性，提出了水库群中长期优化调度年周期序贯决策方法和基于动态子空间的水力发电线性化方法，建立了相应的优化模型；结合黔中水库群实际情况给出了具体操作技巧和丰富的应用成果（包括非劣解集、城镇供水、灌区人畜供水、灌区农业供水、生态供水及发电等）；针对黔中水利枢纽智能监控系统建设和运行管理的需要，给出了智能监控系统内部通信专网、图像视频系统、闸控系统、安全监测系统、智能集成监控系统等成果。本书成果已在黔中水利枢纽一期工程中应用实践。

本书理论联系实际，技术新颖、经验可鉴，可供水资源、水库调度与管理、工程监控等领域的专业人员以及高等院校相关专业师生阅读和借鉴。

图书在版编目（CIP）数据

长藤结瓜水库群优化调度及智能监控 / 尹明万等著
. -- 北京 ：中国水利水电出版社，2018.8
ISBN 978-7-5170-6506-7

Ⅰ．①长… Ⅱ．①尹… Ⅲ．①智能系统－监控系统－
应用－水库调度－研究 Ⅳ．①TV697.1

中国版本图书馆CIP数据核字(2018)第124383号

书　　名	**长藤结瓜水库群优化调度及智能监控** CHANGTENGJIEGUA SHUIKUQUN YOUHUA DIAODU JI ZHINENG JIANKONG
作　　者	尹明万　邱春华　贺华翔　马黎　向国兴　等　著
出版发行	中国水利水电出版社 （北京市海淀区玉渊潭南路 1 号 D 座　100038） 网址：www.waterpub.com.cn E-mail：sales@waterpub.com.cn 电话：(010) 68367658（营销中心）
经　　售	北京科水图书销售中心（零售） 电话：(010) 88383994、63202643、68545874 全国各地新华书店和相关出版物销售网点
排　　版	中国水利水电出版社微机排版中心
印　　刷	天津嘉恒印务有限公司
规　　格	184mm×260mm　16 开本　12.25 印张　290 千字
版　　次	2018 年 8 月第 1 版　2018 年 8 月第 1 次印刷
印　　数	0001—1000 册
定　　价	**60.00 元**

《长藤结瓜水库群优化调度及智能监控》

撰 写 人 员

尹明万	邱春华	贺华翔	马　黎	向国兴
谢新民	张京恩	杨立疆	李　蒙	周　刚
贾　玲	徐进军	魏传江	龙爱华	李　霞
马真臻	侯丽娜	兰光裕	李冬晓	李析男
梅　超	邓建忠	邓晓雅	熊　杰	

撰 写 单 位

中国水利水电科学研究院

贵州省水利水电勘测设计研究院

贵州省科技计划

黔中水利枢纽工程重大关键技术研究与应用

（黔科合重大专项字〔2012〕6013 号）

项目承担单位：贵州省水利厅、贵州省水利水电勘测设计研究院
项目负责人：杨朝晖　　项目牵头人：向国兴
课题牵头单位及课题负责人如下表：

编号	课题名称	课题牵头单位	课题负责人
1	库首褶皱带隐伏型岩溶发育特征及其渗漏研究	贵州省水利水电勘测设计研究院	官长华 刘子金
2	峡谷区高面板坝综合变形控制与防裂研究	贵州省水利水电勘测设计研究院	罗代明 欧波
3	山区长距离大流量输配水综合节水技术研究	黔中水利枢纽工程建设管理局	成雄 罗亚松
4	峡谷山区高墩大跨连续刚构渡槽技术研究	贵州省水利水电勘测设计研究院	向国兴 徐江
5	长藤结瓜水库群优化调度及智能监控技术研究	中国水利水电科学研究院	尹明万 邱春华
6	黔中岩溶山区水资源可持续利用关键技术研究	贵州省水文水资源局	舒栋才 吴平
7	水资源水质保障关键技术研究与应用	贵州大学	吴攀

序 PREFACE

　　黔中水利枢纽工程是贵州省首个大型水利枢纽，是贵州人民半个世纪的水利梦，是贵州西部大开发中的标志性工程，是地处贵州岩溶山区的跨区域、跨流域、长距离调水大型民生水利工程。工程以灌溉、城市供水为主，兼顾发电、县乡供水、农村生活供水等，并为改善区域水生态环境创造条件。工程建成后可解决贵阳市区、安顺市区的城市供水，以及六枝北部和东部、普定南部、镇宁北部、关岭中部、西秀南部和东部、平坝南部、长顺东北部等 7 县（区）49 个乡镇的 65.14 万亩农田灌溉、5 个县城和 36 个乡镇供水、农村 41.84 万人生活用水，年供水量为 7.67 亿 m³，并利用坝后落差修建装机容量为 136MW 的平寨电站发电。黔中水利枢纽工程开发的直接目标是解决贵州政治、经济、文化、旅游的核心区——黔中经济区用水安全问题，间接目标是保障粮食生产安全、促进区域社会可持续发展，它是黔中经济区可持续发展的生命线工程，及全国构建和谐社会的重大民生水利枢纽和战略性扶贫工程之一。

　　工程由水源工程、输配水工程组成，分两期建设。其中，一期工程包括水源工程、一期输配水工程，建成后可解决贵阳市区近期城市供水，以及 7 县（区）42 个乡镇的 51.17 万亩农田灌溉、5 个县城和 28 个乡镇供水、农村 35 万人生活用水，年供水量为 5.50 亿 m³，并利用平寨电站年发电 3.6 亿 kW·h，为遏止区域水生态环境恶化创造条件。开发目标是缓解黔中经济区用水安全、粮食生产安全问题，促进区域经济社会快速发展。水源工程由库容 10.89 亿 m³ 的平寨水库，高 157.5m 的面板堆石坝，装机容量 136MW 的平寨电站组成；一期输配水工程由平寨水库自流到桂家湖长 63.4km 的总干渠，桂家湖取水经革寨水库到凯掌水库长 84.8km 的桂松干渠，总长 247.5km 的 25 条支渠，总长 35.9km 的 2 段以河代渠，以及田间配套工程组成，干支渠总长 431.6km，串联了十余座"长藤结瓜"水库，是典型的跨越岩溶峡谷山区长距离输配水工程。工程于 2009 年 11 月 30 日动工兴建，水源工程于 2015 年 4 月 14 日实现导流洞下闸蓄水，2016 年 6 月 24 日平寨电站并网发电，2016 年 8 月 28 日实现正常蓄水位 1331.00m 下闸蓄水，2016 年 12 月 28 日左岸灌溉引水系统成功完成了试通水，2018 年 1 月 28 日干渠试通水到贵阳，标志工程开始发挥综合效益。

工程的显著特点是地处长江与珠江分水岭地带的跨流域调水、岩溶峡谷区高坝大库建设、峡谷山区长距离输配水、"长藤结瓜"水库群联合调度等，需要研究库首褶皱带隐伏型复杂岩溶发育特征及其防渗、狭窄河谷区高面板坝变形综合控制与防裂、山区长距离大流量输配水综合节水、峡谷山区高墩大跨渡槽、长藤结瓜水库群优化调度及智能监控、黔中岩溶山区水资源可持续利用、水资源水质保障等重大关键技术。

为保障工程顺利建设，依托工程带科研、科研促项目、产学研结合的方式，由贵州省水利厅、贵州省水利水电勘测设计研究院（以下简称贵州水利院）牵头，贵州省水文水资源局、黔中水利枢纽工程建设管理局、贵州省水利科学研究院、中国水利水电科学研究院、武汉大学、南京水利科学研究院、贵州大学等单位参与，联合申报贵州省科技计划目"黔中水利枢纽工程重大关键技术研究与应用"（黔科合重大专项字〔2012〕6013 号）并获批立项。项目包括库首褶皱带隐伏型岩溶发育特征及其渗漏研究、峡谷区高面板坝综合变形控制与防裂研究、山区长距离大流量输配水综合节水技术研究、峡谷山区高墩大跨连续刚构渡槽技术研究、长藤结瓜水库群优化调度及智能监控技术研究、黔中岩溶山区水资源可持续利用关键技术研究、水资源水质保障关键技术研究与应用等 7 个课题。贵州水利院牵头各参研单位联合开展上述重大关键技术攻关，解决了工程遇到的重大技术问题和难题，进一步完善并创新发展了适用于贵州岩溶山区的现代水利技术，为加快解决贵州工程性缺水问题提供了技术支撑。

研究工作结合工程建设进展推进，2017 年 3 月基本完成各课题验收，成果丰硕，研究成果充分应用于工程实践，取得了良好效果。为推广黔中水利枢纽重大关键技术创新和研究成果，丰富岩溶山区特色的现代水利工程技术，贵州水利院策划并组织各课题参研单位和参研人员上百人，在各课题研究成果的基础上编著了系列著作，分别是《褶皱带隐伏型岩溶发育特征及防渗技术》《狭窄河谷区高面板坝变形综合控制技术》《山区长距离输配水综合节水技术》《高墩大跨连续刚构渡槽技术指南》《长藤结瓜水库群优化调度及智能监控》《岩溶山区水资源可持续利用关键技术》《贵州喀斯特地区煤矿矿山环境生态问题及治理对策》。

该系列著作既有工程设计的基础理论和技术方案措施，又兼具解决问题的新思路、新方法和技术上的新突破，理论联系实际，技术新颖、经验可鉴。系列著作各册自成体系，结构合理、层次清晰，资料数据翔实，内容丰富，充分体现了黔中水利枢纽工程的重要研究成果和工程实践效果，完善了岩溶山区现代水利技术，可供类似工程的勘察、设计、施工、监理、建设管理、运行调度、科研等领域的专业人员借鉴参考，也可供相关高校师生阅读。

早在 20 世纪 50 年代末期贵州水利院建院之初，老一辈水利人就提出了引三岔河之水润泽黔中这一贵州水利梦想，经过 60 年的不懈努力奋斗，黔中水利枢纽一期工程建成并蓄水和通水，这一贵州水利梦想终得实现。该工程的成功建设，承载着贵州几代水利前辈的夙愿，凝聚着贵州几代水利专家和领导的追求与奋斗，饱含着这一代从事勘测、设计、科研、建设管理等工作的贵州水利人的智慧和汗水，促进了一大批年轻水利工程师的成长，大幅提升了岩溶山区水利工程勘测设计和科技创新能力，提振了贵州建设大型水利工程的信心和勇气。谨以此系列著作献给他们，献给贵州水利院建院 60 周年，并推动岩溶山区现代水利技术的提升和发展。

由于研究和应用周期长、资料及研究成果庞杂、参研单位及人员较多，系列著作从组稿到出版经历了 3 年多，限于作者水平，书中难免有不妥之处，敬请同行专家和读者批评指正。

贵州省水利水电勘测设计研究院

2018 年 3 月

前言 FOREWORD

  水库群优化调度和智能监控是流域（或区域）水资源规划与配置、水利工程规划设计与运行管理的基础性需求。不确定性问题、多用途（或多目标）问题、维数灾问题等是水库调度领域多年来一直在努力解决而没有取得满意成果的关键性难题。水利工程智能监控的技术和需求近 10～20 年发展非常快，产生的实际效果非常显著，但仍然处于应用的初期阶段，面对不同的工程特点和条件，监控需求和难度差异颇大；监控的内容、技术手段和设施以及系统方案等都有较大完善空间。以贵州省黔中水利枢纽为主体的水利工程系统具有长藤结瓜的复杂结构，水库多（13 座）、电站多（7 座）、用途多（城市供水、灌区人畜供水、灌区农业供水、防洪、发电及生态环境供水等）、范围大、输水距离远（仅干渠就长达 150km）、地形地质条件复杂多变、工程组合复杂。这些实际情况对水库群优化调度和智能监控提出了很大的挑战。本书在进行理论方法和模型创新、探索的同时，结合黔中水利枢纽一期工程的实际情况和需求进行研究，取得的成果既有贴近实际的创新成分，又有可操作性和应用价值。

  黔中地区是贵州省政治、经济、文化、交通中心，区位优势突出，是该省城市最密集、人口最集中、经济社会最发达、耕地资源相对集中成片、发展基础最好、发展潜力最大的地区。该地区也是地形地质等自然条件复杂，人均水资源量少，资源型缺水、水质型缺水和工程型缺水同时存在的地区。缺水成为该地区发展的最大瓶颈。为此，贵州省实施了黔中水利枢纽工程，从乌江南源三岔河调水到黔中地区，力图从根本上解决该地区的缺水问题。黔中水利枢纽是我国大型水利工程，是基础性战略工程，功在当代，利在千秋。该工程从 20 世纪 50 年代提出，经过半世纪的论证和努力，其可行性研究报告于 2009 年 9 月得到国家批复，同年 11 月 30 日开工建设，2015 年已建成一期，2020 年将建成二期。为了解决好该工程实施过程中的各种重大关键技术难题，确保工程高质量地如期建成，高效率地服务于社会，2012年贵州省科技计划设立了"黔中水利枢纽工程重大关键技术研究与应用"项目，对该工程涉及的7个重大关键技术难题进行专题研究。本书介绍的是其中的课题5"长藤结瓜水库群优化调度及智能监控技术研究"。从2012年8月开始至2016年7月，经过近四年的努力，终于圆满完成了全部研究内容，在研究成果的基础上进一步归纳提炼成本书。

本书编写组在现场考察、资料收集、技术咨询和研究过程中，得到了贵州省科学技术厅、贵州省水利厅、贵州大学、贵州省水利水电工程咨询有限责任公司、贵州省水利水电勘测设计研究院、中国水利水电科学研究院、水利部水利水电规划设计总院和武汉大学等单位的有关领导和专家热忱的技术指导和大力的支持与帮助；编写组成员在研究和本书编写过程中，精诚合作，任劳任怨，严谨工作。值此书成之际，一并致以衷心的感谢！

由于作者水平有限，加之时间仓促，书中难免有疏漏，敬请读者批评指正。

作者

2018年3月

绪　　论

第 1 章

本章介绍了本书的研究背景、内容、技术路线以及主要成果与创新点。

1.1　研究背景

我国一些地区当地水资源原本就不丰富，随着人口的聚集和增长、社会经济的迅速发展，需水量大幅度增加，水供需矛盾就越来越紧张，紧张到当地水资源明显不能满足需求的程度就需要修建跨流域（或跨地区）、大型长距离调水工程，作为解决水资源短缺的重要手段，例如，南水北调东线工程和中线工程、辽宁省的东水西调工程、青海省的引大济湟工程、陕西省的引汉济渭工程、山西省的万家寨引黄工程，等等。大型长距离调水工程建成后就形成了包括当地水和外调水的复杂水资源系统，一般都涉及水库群的多用途优化调度问题，而且是关键性重要问题。大型长距离调水工程建设和运行管理都要涉及枢纽工程及其运行管理系统的自动化监控问题，都需要开发建设智能监控系统。该系统的水平和质量，将直接影响着枢纽工程的运行安全、水资源利用效率和系统的经济成本，这就是本书研究的大背景。

黔中地区水资源严重缺水需要建设黔中水利枢纽工程从三岔河引水，其中涉及长藤结瓜水库群优化调度及智能监控技术，这是本书研究的直接背景和应用实践对象。

黔中地区是贵州省政治、经济、文化、交通中心，是该省城市最密集、交通最发达、工业基础最好、人口最集中、耕地资源集中成片的地区；是该省经济社会发展核心地区和最有基础、最有发展潜力的地区，区位优势突出，具有举足轻重的地位。但由于山高、坡陡、土薄、地高、水低等自然条件，加之人均水资源量少（尤其是调蓄工程少，实际可利用的水资源量非常紧缺），缺水成为该地区发展的最大瓶颈。黔中灌区属于用水紧张地区（中度缺水），出现周期性和规律性的用水紧张；贵阳市区属于缺水地区（重度缺水，人均水资源量仅 $564m^3$），受持续性缺水影响，经济发展遭遇瓶颈，人民生活受到影响；安顺市受水区属于严重缺水地区（极度缺水，人均水资源量仅 $299m^3$），受缺水影响极其严重。雪上加霜的是黔中地区资源型缺水、水质型缺水和工程型缺水同时存在。

面对水资源供需矛盾，贵州省实施了从三岔河引水的黔中水利枢纽工程，力图从根本上彻底解决黔中地区缺水问题。该工程是多年来贵州省最大的综合性水利工程，是长期兴利的基础性战略工程。它以灌溉、灌区人畜饮水、城镇供水为主，兼顾发电等综合利用，受水区包括黔中灌区、贵阳市区和安顺市区，涉及贵阳、安顺、六盘水、黔南布依族苗族自治州、毕节等 5 个市（州）。该工程的开发目标是保障受水区的用水安全，支撑区域社会可持续发展。据此贵州省重大科技计划设立了"黔中水利枢纽工程重大关键技术研究与应用"项目，对该工程涉及的重大关键技术难题进行专门的深入研究。

"黔中水利枢纽工程重大关键技术研究与应用"项目下设 7 个课题：

课题 1：库首褶皱带隐伏型岩溶发育特征及其渗漏研究；

课题 2：峡谷区高面板坝综合变形控制与防裂研究；

课题 3：山区长距离大流量输配水综合节水技术研究；

课题 4：峡谷山区高墩大跨连续刚构渡槽技术研究；

课题 5：长藤结瓜水库群优化调度及智能监控技术研究；

课题 6：黔中岩溶山区水资源可持续利用关键技术研究；

课题 7：水资源水质保障关键技术研究与应用。

与本书直接相关的是课题 5，由中国水利水电科学研究院承担，贵州省水利水电勘测设计研究院、水利水电规划设计总院以及武汉大学参加完成。其主要目的是为编制黔中水利枢纽有关的水库群中长期调度方案奠定扎实的科学基础，并为建立黔中水利枢纽工程数字化智能监控系统提供技术依据。

本书以黔中水利枢纽工程及其水库群为实际应用对象，进行水库群优化调度研究和智能监控技术研究。黔中水利枢纽长藤结瓜水库群输水距离长、水库多、用水地区多、用水行业多，无论是从水库群优化调度的角度还是从自动化监控的多角度都是一个既复杂又具有代表性的典型。本书所进行的长藤结瓜水库群多目标优化调度研究，可使外调水与当地水实现优化配置，综合提高供水保障能力，也可成为长藤结瓜水库群优化调度的一个典型范例，供类似工程参考；本书所进行的黔中水利枢纽智能监控技术研究，可直接满足该枢纽规划设计中的自动化监控系统建设和运行的需要，能大幅度地节省运行管理成本，同时也可供其他长距离输水、地形条件复杂的类似调水工程借鉴。

1.2　主要研究内容

本书研究内容包括两方面：①长藤结瓜水库群优化调度研究；②黔中水利枢纽智能监控技术研究。

1. 长藤结瓜水库群优化调度研究

（1）体现不确定性与周期规律的多用途水库群优化调度理论方法，包括水资源系统（含水库群）存在的不确定性和容错性、来水与需水的周期性、需水与来水的相关性、发电与来水的相关性、水库群中长期优化调度年周期序贯决策方法的依据、原理和优点。

（2）基于年周期序贯决策方法的多用途水库群优化调度模型。

（3）复杂水资源系统的水资源优化配置或调度中的发电问题线性化高精度方法。

（4）黔中水库群优化调度的多用途需求分析，包括社会经济需水、生态环境需水、水力发电需水、防洪需求等分析。

（5）黔中水库群优化调度方案研究，包括多目标优化调度的价格方案设置与非劣解集、生态优化调度、多目标优化调度方案比选与推荐。

2.黔中水利枢纽智能监控技术研究

（1）智能监控网络技术研究，包括智能监控网络拓扑、通信网络的功能要求与结构等。

（2）图像视频系统研究，包括智能监控图像视频系统的总体设计方案以及分控中心、渡槽、闸站、闸阀站、电站、泵站等分项工程的图像视频系统以及图像视频系统平台软件等。

（3）闸控系统研究，包括其控制方式与控制功能、闸控单元和闸控技术、闸控 PLC 配置方案以及系统的现地对象、模式、回路方案和通信方案等。

（4）安全监测自动化系统研究，包括其功能要求（含观测、显示、存储、操作、自检等方面的具体功能要求）、安全监控站的布设原则和布设方案以及各监控站的安全监控仪器设备配置等。

（5）智能化集成监控系统研究，包括其需求分析、总体方案、总体功能和总体技术结构和安全保障、集成监控技术、应用软件的功能要求和软件平台结构等。

1.3　研究的技术路线

多用途水库群优化调度研究的技术路线是：首先进行水库调查，摸清楚各库的特点和任务以及各地区对各水库调度的要求，明确对水库群的总体要求；接着研究水库群多种用途的协调原则及调度规则；研究多用途水库群优化调度模型；然后进行水库调度方案设计和各方案的优化调度模拟分析；最后进行综合比较，选出推荐方案。具体如图 1.1 所示。

1.长藤结瓜多用途水库群优化调度的关键技术

适合黔中水利枢纽水库群（简称黔中水库群）的多用途优化调度模型——基于年周期序贯决策的水库群多目标优化调度模型。

以多用途水库群优化调度模型为主攻对象，在梳理国内外水库调度和多用途水库群优化调度研究成果的基础上，分析总结当前水库优化调度模型的不足之处。根据拟定的研究目的与研究内容，充分学习并借鉴年周期序贯决策法，客观地应对来水和需水的周期规律与不确定性，在分析来水和需水的周期规律及不确定性与水库调度关系的基础上，将年周期序贯决策法拓展到含有水力发电的多用途水库群优化调度问题（关键是解决水力发电的非线性问题），并以系统的思想构建基于年周期序贯决策的多用途水库群优化调度模型。最后将模型应用于长藤结瓜多用途水库群优化调度问题，并对计算结果进行分析和讨论，综合推荐优化调度方案。

2.黔中水利枢纽智能监控研究的技术路线

在自顶向下的系统设计过程中，其研究流程是瀑布型的，为避免信息孤岛的问题，遵

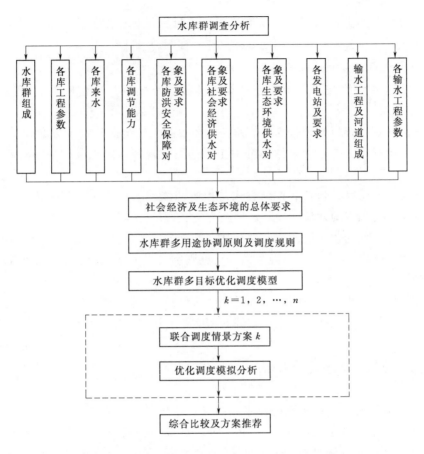

图 1.1　多用途水库群优化调度的技术路线示意图

从"自顶向下"的原则。通过需求分析，确定待研究系统的功能和性能。进而明确总体设计思路，实现黔中水利枢纽灌区骨干管网输配水管理。采用智能化监控系统，对输水管线上阀门、泵组实行统一控制，保证全线顺利输水。研究建成专用通信网络，保障数据传输及时、信息畅通，支撑应用系统实现安全输水、精确配水的调度目标。接着是概要（结构）设计阶段，把研究系统按照一定的原则分解为模块，赋予视频、闸控、信息化等每个模块一定的任务，并确定模块间调用关系和接口。该阶段主要集中于划分模块、分配任务、定义调用关系，需要反复进行结构调整。详细设计阶段就是对每个模块完成的功能（例如，图像视频、远程监控、信息管理等）进行具体的描述，把功能描述转变为精确的、结构化的过程描述。最后进行开发，得到程序代码和代码测试计划。在各部分设计和开发完成后，就进行"自底向上"的边测试边集成的过程。首先是单元测试，然后是集成测试、系统测试和验收测试。这样通过由最顶层的产品结构传递设计规范到所有相关子系统，有效地传递设计规范给各个子组件，再由最底层向上逐级测试和集成，形成整体智能监控系统。图 1.2 所示的技术路线清晰地展示了研究过程中的层级、阶段关系。

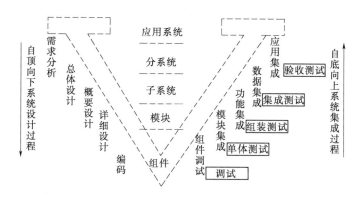

图 1.2　黔中水利枢纽智能监控研究的技术路线示意图

1.4　研究成果与科技创新

1.4.1　主要研究成果

主要取得了以下 8 个方面的研究成果：

1. 多用途水库群优化调度理论方法与模型

掌握了水库群优化调度的国内外研究和实践进展成果。深入研究了面向实际复杂水库群中长期优化调度理论方法，即在反映来水和需水的不确定性、年周期性以及来水与需水相关性的基础上，充分利用系统的容错性，建立了基于年周期序贯决策的水库群多目标优化调度方法与模型。研究提出了水电站发电问题动态线性化等关键问题的解决方法。用约束方式解决了中长期调度防洪安全保障问题，用情景法解决了生态环境需水调度问题。建立了反映各种用途的黔中水库群优化调度多目标函数（包括城镇用水、灌区人畜用水、发电用水等）以及各种复杂情况的关系方程和约束条件。方法和模型不仅能够直接应用于黔中水库群，而且对其他类似水库群也有推广应用或借鉴价值。

2. 黔中水库群基本情况分析成果

通过调查分析，全面掌握了黔中长藤结瓜水库群（包括 13 座水库、7 座水电站和输水系统）的空间布局、各水库的特点、调度任务、调度规则、供水范围、供水对象、防洪要求和河道内生态需水要求；获得了水库水位、库容以及相应电站的装机容量、保证出力、年均发电量等基础信息；收集到各水库 40 年（1968—2007）逐月来水量系列资料；统计分析获得了各调水渠道的过流能力、控制节点的水量要求等。概化了长藤结瓜水库群系统，绘制了系统网络图。

3. 黔中水库群优化调度的多用途需求研究成果

对研究区细分了计算单元（共 9 个）。根据黔中枢纽设计，对黔中水库群的各种用途进行了深入细致的需求分析，收集整理了水库群优化调度的需水数据和相关约束条件。2020 水平年研究区社会经济多年平均总需水量 7.90 亿 m^3（仅指需要由水库群供给的部分），其中城镇需水量 5.95 亿 m^3，灌区人畜需水量 0.19 亿 m^3，农业灌溉需水量 1.76 亿 m^3。分 4 种情景计算了各水库下游河道内生态环境的基本需水量及其过程。对各水库的防洪需求进行了梳理，制定了各库防洪调度水位上下限约束。明确了黔中水电站群在多电源电力系统中的发电地位和作用以及发电在水库群多用途调度中的关系。

4. 黔中水库群多用途优化调度应用研究成果

应用研究成果主要如下：

（1）黔中水库群多目标优化调度非劣解集成果。设置了 15 套价格方案，逐个求解，得到了多目标优化的非劣解集；弄清楚了在不同价值取向下，该水库群在防洪、供水、发电等方面能够发挥的最大作用。

（2）黔中水库群生态调度研究成果。设置了 4 套生态环境基本需水量情景，分别是河道内全年生态流量占多年平均流量的 10%、15%，汛期和非汛期流量分别占多年平均流量的 30% 和 10% 以及 20% 和 12%；分别基于现实价格方案进行了多目标优化调度，求得了 4 种情境下的水库群优化调度成果；综合比较推荐了情景 4。

（3）推荐方案优化调度结果。

1）平寨水库调水方面。多年平均调水 4.74 亿 m^3，较设计值少 0.76 亿 m^3；枯水年（$P=80\%$）调水 5.36 亿 m^3；特枯水年（$P=95\%$）调水 5.75 亿 m^3。

2）社会经济供水方面。水库群系统多年平均总供水量 7.87 亿 m^3，其中供城镇 5.95 亿 m^3、灌区人畜 0.19 亿 m^3、农业灌溉 1.73 亿 m^3；枯水年供水量 8.14 亿 m^3；特枯水年供水量 8.32 亿 m^3。

3）社会经济缺水方面。丰水年和平水年不缺水，枯水年缺 0.07%，特枯水年缺 3.39%，多年平均缺 0.38%，都是农业灌溉缺水；农业灌溉缺水率较高的计算单元都分布在输水渠系的尾部，符合优化原理。

4）河道内生态用水方面。每年各水库下游河道实际下泄流量都大于或等于情景 4 要求的基本流量过程；多年平均水库群总下泄水量 23.51 亿 m^3，是要求的河道内生态环境基本需水量的 5.14 倍，是多年平均来水量的 71.93%。

5）发电方面。水电站群多年平均发电量为 8.79 亿 kW·h，较无调水情况的总发电量将减少 3.42 亿 kW·h。

6）防洪方面。各水库蓄水位完全满足防洪的水位控制要求。

7）水库调蓄方面。各水库因所处位置、来水量和调节库容等情况不同，蓄放水过程都有所不同和错开，并适当加快了蓄放频次，提高了总调蓄量，充分体现了优化原理。

5. 黔中水利枢纽智能化监控系统内部通信专网研究成果

通过对黔中水利枢纽工程各种建筑物（明渠、渡槽、倒虹吸管、长距离输水隧洞等）的智能化监控系统通信专网进行多次研究，拟定了构建专网的不同技术路线。根据该工程的组织结构，把贵阳（金阳）调度中心、水源分中心、桂家湖分中心、革寨分中心和电站、泵站及管理站均作为传输系统的通信节点。传输系统采用光纤传输，抗干扰性强，传输容量大，传输距离远，传输质量好，网络安全可靠。根据黔中水利枢纽工程周边相邻通信环境，内部通信专网主要采用自建方式，对于受路权和光缆路由限制、不具备光缆自建条件的段落，如贵阳调度中心接入考虑租用公网资源的方式。该项成果对工程建设和运行管理起到了重要作用。

6. 黔中水利枢纽计算机网络系统和数据中心及综合监控平台研究成果

该研究以信息传递安全可靠为前提，以资源共享、带宽共享、节省投资为原则，研究建立了覆盖全局管理业务的计算机网络系统和数据中心；开发了综合监控平台，实现了设备、网络、各专业信息等多种资源的共享。根据服务对象的重要程度和对网络安全要求的差异，区分了灌区信息传输的两类应用，分别进行处理和研究设计。一类是数据传输稳定性、实时性和安全性要求很高，但数据流量不大。例如，闸阀和泵组的实时控制，渠道水位、流量的测量，管道压力等数据的监测。另一类是数据传输稳定性、实时性要求不高，但数据流量大，占用网络带宽较多。如统一数据中心、Web综合展现、地理信息系统、设备管理、人力资源管理、邮件、公文分发等。

7. 黔中水利枢纽闸门远程监控系统研究成果

该研究提出的闸控系统具有现地智能判断功能，可实现无人值守，同时操作过程中如出现异常，可实现自动或者人为干预停止，保证运行安全。闸门群计算机监控系统布置在干渠监控分中心，通过光纤与多个闸门现地控制单元相连，实时采集每个闸门现地控制单元的运行参数与状态，操作人员不必去启闭机现场，便可单个、分组提升、降落闸门，实现闸门的集中群控。

该项研究成果解决了沿线各工程多级远程监控的问题。

8. 黔中水利枢纽图像视频系统研究成果

图像视频系统的建设是为了达到无人值班、少人值守的要求。使用图像视频系统作为自动化监控系统的补充，实现对黔中水利枢纽工程运行情况的全方位监控管理。生产运行人员通过网络实现远程实时视频监控、远程故障和意外情况报警接收及处理，可提高黔中水利枢纽工程运行和维护的安全性及可靠性，并可逐步实现可视化监控和调度，使生产、调控运行更为安全、可靠。图像视频系统的建成实现了对长距离调水工程关键部位运行工况的监视。

1.4.2 科技创新

主要取得了以下几方面科技创新成果：

1. 基于年周期序贯决策的水库群多目标优化调度方法与技术

创新点：①反映了水资源系统包括水库群来水和需水存在的不确定性特点及周期性规律以及需水与来水存在相关性的特征，充分利用系统存在的容错能力，建立了基于年周期序贯决策的水库群多目标优化调度方法与技术；②提出了跟踪水库水电站调度运行动态轨迹，寻迹划分发电子空间，在动态子空间将发电线性化；使具有水力发电的水资源配置（或水库群调度）可以用线性规划方法求解；该线性化方法基本上不降低发电计算精度；③开发了包含这些关键技术的计算模型。

主要优点：①克服了确定型调度方法假设来水和需水信息完全已知、计算结果偏理想的不足，使计算结果更加贴近实际，配置的工程与非工程设施更加合理和安全；②以年为优化调度周期并逐时段递推，不存在各种以年为优化期的调度方法所具有的年与年之间割裂问题；③不依赖于任何预测预报技术，也不需要复杂的周期分析、随机分析与模糊分析技术等，使用方便，具有广泛的普适性，既可应用于水资源规划设计阶段也可以应用于运行管理阶段。

2. 具有长藤结瓜复杂结构和多用途水库群的生态调度技术

创新点：①深入反映了黔中水库群特有的长距离调水干支渠与水库的长藤结瓜关系以及河流、渠系、水库、计算单元间的复杂网络关系；②通盘考虑黔中地区在社会经济和生态环境需水、水力发电、防洪约束等方面的要求以及既竞争又协调的用水关系；③鉴于目前我国多数河流（包括黔中各水库所在河流）并没有明确的生态环境保护目标以及生态环境需水量过程的客观现实，采用了河道内生态环境基本需水量多情景方法，每一情景下调度下泄的实际水量过程均大于或等于要求的基本需水量过程；④建立了包含这些技术的多用途水库群生态调度技术和计算模型。

主要优点：适用于具有复杂结构关系和多用途水库群的生态调度，对河道内生态环境保护目标及其需水量模糊的情况，该技术尤为有效。

3. 面向黔中水利枢纽管理的远程通信、闸门监控、图像视频监视和信息化等多个专业应用系统的集成平台

创新点：在贵州省水利行业率先采用多网融合、分区组网、网络安全隔离、数据采集网关国际标准等关键技术；统一建成集语音、数据、图像为一体的多网融合的通信专网、计算机网络平台和广域分布的数据中心，构建系统基础平台，实现数据共享。

4. 基于分层分布结构智能监控技术

创新点：在贵州省长距离供水工程中首次采用三级（局监控中心、处监控分中心、管理站分控台）控制组网、四层（监控点、管理站、管理处、建管局）结构配置的技术方案，实现黔中水利枢纽管理局、处、站三级监控。

5. 研发了一整套大型供水工程管理信息系统综合监控应用软件

创新点：采用了基于网络数据服务中间件的多阶层体系结构和组网机制；建立面向对象的实时内存数据库算法，实现实时画面的快速刷新和海量（历史）数据的快速检索。将满足监测、监控对象种类多、分布区域广和对监测数据的实时性、同步性、开放性要求高、多级管理的特殊需求，适应多级组网和分期分步建设的要求，构架高级应用体系。

6. 面向山区长距离输水工程运行工况的实时安全监测系统应用平台

创新点：试验选择适应恶劣环境的传感器和数据采集系统，解决了多种突出技术难题，形成了实时安全监测平台。

水库优化调度及水利
枢纽智能监控研究进展

第2章

本章简要回顾和分析了国内外水库群优化调度发展历程、优化调度算法的性能、调度多目标问题及其处理方法、水库调度领域对来水量不确定性问题的处理方法、该领域存在的关键技术问题及其解决方向；简要回顾了水利枢纽工程智能监控研究进展，介绍了国内外调水工程监控和信息系统研究与建设概况，对比了它们的技术特点，展望了水利信息系统发展趋势。

2.1 水库优化调度研究进展

2.1.1 发展历程

1. 国外研究历程

20世纪50年代初美国数学家Bellman等人研究了多阶段决策过程（multistep decision process）的优化问题时，提出了著名的最优化原理，把多阶段过程转化为一系列单阶段问题，利用各阶段之间的关系，逐个求解，创立了动态规划法，并于1957年出版了名著《Dynamic Programming》。这是该领域的第一本专著，使动态规划法被众多领域采用，包括水资源系统分析和水库优化调度。该方法可以较好地求解非线性水库优化调度问题，可以把复杂的初始问题划分为若干个阶段的子问题，逐段求解；可以较好地反映径流实际情况，对目标函数和约束条件没有线性、凸性甚至连续性的要求。1955年，J.D.C. Little采用马尔科夫链原理建立了水库随机动态规划优化调度模型，并在美国大古力电站进行了实际应用。这标志着运用系统分析方法研究水库优化调度问题的开始，自此正式拉开了水库优化调度研究的序幕。20世纪60年代，计算机技术迅速发展为水库调度研究创造了良好的硬件设施条件，使大规模数据处理成为可能，对水库群进行更复杂、更丰富的描述也得以实现。从此水库群优化调度技术开始受到重视并得到了迅速发展。1960年，R.A. Howard提出了动态规划与马尔科夫过程理论，从理论上为水库优化调度带来了新思路。1962年Maass等合著的《水资源系统设计》一书系统地阐述了水库调度的基本思想和理论。1967年，Young采用线性回归方法从单库确定型长系列调度获得的最优调度轨迹中提取调度函数。该研究被视为最早的隐随机优化调度。同年，W.A. Hall和Shephard将线性规划和动态规划方法耦合，将水库群优化调度中的一个主问题拆解为一系列子问题，用线性规划求解。1970 年，Mesarovic 等研究提出了大系统优化的分解协调算法，此后成了水库优化调度的一个重要研究方向。同年，Arvanitidis 和 Rosing 等提出了水库群调度的聚合分解法。聚合分解法及大系统分解协调法是优化水电站水库群运行策略的一种有效方法。1974 年，Gagnon 等对非线性规划问题进行了研究。同年，Becker 等提出将线性规划方法与动态规划相结合的方法，即著名的 LP-DP 法，并应用于求解优化调度问题。1975 年，Howson 等提出了用于求解多状态动态规划问题的逐步优化算法（即 POA）。1977 年，L. A. Rossmen 将拉格朗日乘子理论用于随机约束问题的动态规划。1981 年，A. Turgeon 采用随机动态规划法求解了并联水电站水库群系统的优化调度问题。1984 年，David Schaffer 提出向量评价遗传算法（VEGA）用于求解大规模水库优化调度模型。20 世纪 90 年代，各种智能优化算法相继被应用于水库调度的研究中，如遗传算法（GA）、人工神经网络（ANN）、粒子群算法（PSO）、蚁群算法（ACO）、模拟退火算法（SA）等，这些智能算法的引入大大丰富了水库优化调度算法，提高了水库优化调度模型针对具体问题的求解效率。1993 年，Wurbs 指出基于模拟的优化模型能使得调度结果与实际情况更为接近，他在《水资源建模与分析》一书中分别深入阐述了水资源系统模拟和优化的理论与方法。2002 年，Teegavarapiu 建立了基于模拟退火算法的水库优化调度模型。2009 年，M. A. Karamouz 等建立了一种基于贝叶斯随机模型和支持向量机的水库概率调度模型，并采用 copula 函数评价了供水可靠性。2010 年，F. Soltani 等建立了一个基于模糊自适应系统的代理模型用于提取考虑水质约束的水库调度规则。S. P. Ncube 等考虑多种气侯变化情景进行 Rozva 水库调度的研究。2015 年，M. Motevalli 等采用 Monte-Carlo 方法从定性和定量两个角度分析了水库入流不确定性对水库调度的影响。2016 年，Y. Gebretsadik 等建立了区域性风电和水电系统联合优化调度模型。在多目标优化问题方面，意大利经济学家 V. Pareto 最先（1896 年）把若干实质上不可比的目标转化成一个目标求解，后人把多目标非劣解称为帕累托最优。1962 年 Maass 率先引入了多目标优化。1972 年召开了第一次国际性的多目标决策讨论会。之后越来越多的人研究多目标优化问题。这方面更多的介绍详见第 2 章 2.1.3 节。

2. 国内研究历程

20 世纪 60 年代谭维炎、黄守信等开始研究水库优化调度问题，"文革"期间一度中断，后来继续研究，于 1982 年建立了一个基于动态规划理论和马尔科夫过程的水电站水库优化调度模型，并率先应用于四川狮子滩水电站。70 年代末，张勇传等人研究了柘溪水电站的优化调度问题，随后该团队将该电站的优化调度方法和经验推广应用于上犹江、柘林等水电站。70 年代末 80 年代初，董子敖等人研究了黄河上游刘家峡、八盘峡、青铜峡梯级水电站优化调度问题。1985 年，刘鑫卿等研究并开发了一个水库优化调度程序包。1986 年，黄永皓等采用约束微分动态规划研究了确定来水条件下的水库群优化调度。为了找出一种易于实际应用于水库群优化调度的方案，他们采用最小二乘法回归分析求出了联调水库不同时段的运行公式。在三峡工程国家"七五"科技攻关期间，杨柄、黄守信、秦大庸等人根据最优蓄能原理，在考虑电力能量平衡和电力系统间电力潮流的基础上，研究了三峡水电站群优化补偿调节问题，回答了包括西北、华北、西南、华中、华东、华南六大电网电力负荷潮流及其水、火电运行关系，以及在三峡水电站设计投运水平年，三峡电站和水库与各电网、各流域的水电站群如何进行补偿调节、提高发电效益、优化电力潮流规模等一系列重大问题。同时还研究了三峡水库在考虑防洪、发电、航运、冲沙等需要的综合利用问题。1987年，张勇传指出线性规划、非线性规划和动态规划等方法虽然一定程度克服了维数灾障碍，也带来了新的问题，如目标函数的极值性质问题，局部极值与整体极值的关系问题，而这些对于实际问题是十分重要的。因此他倡导开发建立在问题本身所固有的特征和特性上的水库问题优化算法，基于该认识，提出了水位极值逐次优化求解算法（SEPOA），并证明该方法从某一可行的调度线开始，计算将收敛稳定于唯一的最优调度线，讨论了该算法的收敛性和最优解存在的唯一性。1988年，张勇传等研究了水库群优化调度函数及其参数识别方法，并应用T变换改进卡尔曼滤波算法提高径流预报准确度，在南昌电网中的水库群进行了优化调度示范应用。1988年，胡振鹏等提出了大系统多目标递阶分析的一种非劣解生成技术"分解-聚合"方法。该方法不仅可以生成非劣解集或子集，而且具有对主要决策变量进行敏感性分析等功能。1988年，姚华明等研究了双状态动态规划法（BSDP），解决了十个以下水库群优化调度问题，收敛速度快。1989年，董子敖等提出一种求解串并联混联水电站水库群补偿调节和调度的多目标多层次优化法。该方法同时考虑了随机径流的自相关关系和互相关关系。1989年，林峰等应用Chebyshev多项式的零点对随机动态规划的余留期效益函数进行逼近的途径来改进常规的动态规划格点法。该法可以大大节省计算内存和时间，是克服随机动态规划组合状态数过多的一种有效途径；1989年，沈金毛等采用递阶控制方法求解了考虑径流时空相关的梯级水电站水库群优化调度问题。1991年，刘肇祎等应用系统分析的理论及方法，建立了一个多目标梯级水库群优化调度的动态规划模型，为避免在系统方程不可逆的情形下寻优时的内插，在模型中引入了"平衡变量"，从而使一个比较复杂的多维状态、多维决策问题，通过仅离散"关联变量"而建立起来的具有"优先权"结构的动态规划模型，求解相对容易。1988年陈守煜提出并研究了模糊水文学。1993年，陈守煜等将模糊优选理论与随机动态规划原理、非线性优化技术有机地结合起来，提出了水资源系统多目标模糊优选随机动态规划（MOFOSDP）数学模型。同年，黄强等应用模糊动态规划建立了水电站水库优化模型。同年，解建仓等针对水库调度理论脱离实际的问题，着重研究了两梯级联合优化调度问题，采用随机模拟的长系列径流作为输入并建立确定型模型求解，以时段初库容和时段入流等作为状态因子，采用多变量因子分析法和逐步回归法得出水库优化调度规则，在汉江上游两梯级水库进行了示范应用。1995年，谢新民等利用大系统和模糊数学规划理论与方法，建立了水电站水库群优化调度目标协调-模糊规划（IB-FP）方法及模型。1995年，杨侃研究了水库优化调度增量动态规划（IDP）的收敛性，结果表明，在某些约束条件或目标函数下，优化均可能不收敛于全局最优解。在三峡工程国家"八五"科技攻关期间，尹明万、杨柄等人在考虑了三峡和葛洲坝梯级电站防洪发电及调峰、航运、冲沙等需要的基础上，研究了三峡和葛洲坝梯级水库和电站的日优化调度问题，给出了不同季节不同来水情况下两梯级电站的最大调峰作用、三峡电站的最终装机容量以及葛洲坝水库的反调节能力。其中考虑了优化调度与水库水面壅高曲面、水位变率等的动态相互影响，航运、冲沙对水位、水位变率和流量的要求，电力系统对两电站总的和分别的最低发电出力约束和发电出力变率约束等。1996年，万俊等建立了水电站群优化调度分解协调-聚合分析复合模型，其建模思路是：首先用分解协调法求解确定型优化问题，将得到各水电站水库的最优决策过程及有关的运行要素。再按水库系统发电量等效原则聚合形成电当量等效调度函数，将该调度函数用于指导水电站水库群实际调度运行。1998 年，王本德和陈守煜等对水库调度模糊优化方法理论与实践进行了系统的总结，指出水库调度模糊优化方法主要针对三个方面：①输入信息描述模型，以往的确定型与随机型模型研究与分类，忽略了水文及气象信息的模糊性；②水库调度优选方案目标客观上具有冲突性与不可量化性，以往的多目标决策理论忽视了目标方面的模糊性，以普通集合为基础进行处理；③水库调度中的非劣解集生成后，需决策者依其偏好选定满意或权衡解，决策者的偏好来自经验积累的识别能力，而识别能力的模糊性往往也难以处理。模糊方法在这些方面有突出优势。2000 年，梅亚东建立了梯级水库洪水期发电调度的一种优化模型，由于含有河道洪水演进方程，该模型成为一类有后效性的动态规划模型；并提出了两种新的解法——多维动态规划近似解法与有后效性动态规划逐次逼近算法。算例表明：这两种解法均可行、结果合理，后一种求解更快。2001 年，杨侃等建立了串联水库群多目标优化调度的分解协调宏观决策模型。同年，罗强等采用非线性网络流规划法建立了水库群调度模型，用逐次线性化与逆境法相结合的方法求解。2003 年，游进军等提出了一种基于目标序列的排序矩阵评价个体适应度的多目标遗传算法，改进了遗传算法的参数确定方法，有效控制了非劣解集的替换选取过程，可以一次交互求得非劣解集。同年，路志宏等提出了一种变状态空间动态规划法，应用于三峡梯级水电系统日优化调度。该方法有效地克服了常规动态规划法中存在的维数灾问题。2004 年，李义等研究了 POA - DPSA 混合算法，建立了梯级水电站短期发电效益最大模型，在清江梯级进行应用示范。2005 年，徐刚等采用蚁群算法求解了水库优化问题的最优解。2005 年，鲍卫锋等引入罚函数将水库的优化调度的多目标转化为单目标，再求解。2006 年，李崇浩等针对微粒群法易陷入局部最优的缺陷，引入遗传算法中的"杂交"因子以及采用自适应的惯性权重，提高获得全局最优解的能力，并应用改进了的微粒群算法求解了梯级水电厂短期优化调度问题。2008 年，黄强等基于模拟差分演化算法进行了四级梯级水库优化调度图研究，利用差分演化算法收敛快、控制参数少并且易于实现的优点，采用模拟技术与差分演化算法相结合的途径，构建了制定梯级水库优化调度图的方法为多座梯级水库优化调度图的制定提供了一条新思路。2009 年，吴杰康等采用连续线性规划的优化方法解决梯级水电站长期优化调度问题。其中采用一阶泰勒级数描述优化的目标函数和约束条件，并在迭代步长方面采用了动态比例缩减因子，以提高求解速度。2013 年，李想等探索了动态规划的并行算法，以经典四水库优化调度问题为例验证了计算效果。结果表明：并行算法能够有效缩短动态规划求解时间，加速比将随核数增加进一步提升；并行效率随核数增加而减少，但减少趋势缓慢。他认为可借助分布式内存克服动态规划的内存过大问题。2015 年，冯仲恺等研究提出了均匀动态规划法（uniform dynamic programming，UDP）。UDP 以 DP 为基础框架，将各阶段不同维度离散状态的组合视为多因素多水平试验，利用均匀设计表从全部状态变量中优选少数极具代表性、在可行域内均匀散布的状态变量进行计算，将模型的空间复杂度和时间复杂度由 DP 指数增长分别降至 UDP 线性和平方增长，从而所需存储量和运算量显著减少。UDP 应用于澜沧江梯级水电站群优化调度。值得注意的是，对于某些目标函数

UDP 可能漏掉全局最优解。2016 年，张诚等提出了水电站优化调度的变阶段逐步优化的一种算法。在深入分析 POA 寻优机制的基础上，他们探求了影响 POA 全局收敛能力的关键因素，揭示了 POA 两阶段寻优策略和梯级水电站优化调度在求解两阶段问题时传统的"自上而下逐电站"寻优模式对算法收敛能力的影响规律，进而提出了基于逐步差分和变阶段优化改进策略的变阶段逐步优化算法，有效削弱了原始算法在求解梯级电站联合调度问题中对初始解的依赖性，在一定程度上保证算法收敛于全局最优解。

2.1.2　优化调度算法性能简析

水库优化调度的发展历程中有许多优化方法得到了探索和应用。下面就比较多见的几类优化算法做简单的分析。

1. 线性规划（LP）

这是最为成熟的优化算法，可以求解规模很大的线性问题，并且收敛很快。只有当优化问题的标函数和约束方程都是线性的，才满足线性规划的条件，才可用该方法求解。与水库调度有关的问题，例如，没有水力发电的水库防洪调度、供水调度、综合利用调度、流域或区域水资源优化配置等问题都广泛应用线性规划法。但当优化问题中包含水力发电目标时，则属于非线性问题，直接采用线性规划方法则不一定能有效求解。

2. 动态规划（DP）

这是目前水资源规划与管理领域应用最为广泛的一类优化算法。其基本原理是将复杂多阶段决策问题划分为多个单阶段的决策过程，通过求解各阶段相对较简单的子问题的优化得到整体最优解，对于线性问题和非线性问题都适合。求解顺序有顺序递推和逆序递推两种。R. E. Bellman 提出的经典动态规划法，逻辑严谨，寻优工作既不重复也不遗漏，能够保证收敛到全局最优解。但有两个关键性问题比较大地制约着经典动态规划法应用于大型复杂问题。一是所选状态变量要能够完全描述状态，没有后效性，否则不能保障收敛到全局最优解，可能是局部最优解。20 世纪 80 年代，我国曾经有个别梯级水电站群采用动态规划优化模型求最大保证出力，算出的最优解碰巧就不是全局最优解，而是局部最优解，因为所选状态变量具有后效性。在当时的全国动能经济学术会议上对此有过讨论。二是需要的计算量和存储空间随状态变量维数、每一变量的状态数的乘积增长，即对于大型复杂问题存在"维数灾"问题。因符合水库调度问题的基本特点且限制使用条件较少，动态规划被认为是最适用于求解水库调度问题的优化算法之一，但随着水库个数的增加，其"维数灾"问题难以克服。于是微分动态规划（DDP）、离散微分动态规划（DDDP）、逐次渐近优化（POA）和增量动态规划逐次逼近法（DPSA）等改进动态规划方法相继被提出和应用。这些改进动态规划方法有效地降低了"维数灾"问题，可以求解比较大或水库比较多的优化问题，但是在一定程度上损失了经典动态规划法的严谨性，不能保证收敛于全局最优解。

3. 遗传算法（GA）

这是 20 世纪 60 年代由美国学者 John Holland 基于生物自然遗传进化思想而提出的一种优化算法。它给出了求解复杂系统优化问题的通用框架，不限于具体的问题及其领域，属于启发式、经验性寻优类方法。但它在有些情况下收敛效率不高，且不能够保证收敛于全局最优解。目前遗传算法在众多领域得到广泛应用，在确定型水库优化调度模型求解中也有不少应用。

4. 人工神经网络（ANN）

这是模拟人脑神经元的一种非线性算法，它通过设置大量简单非线性的神经元组成一个具有复杂并行处理能力的系统，能够快速收敛于状态空间中任意的平衡点。它也属于启发式、经验性寻优类方法。目前在水文水资源领域特别是水文预报及水库优化调度函数的提取方面得到了不少的应用。

5. 群智能算法

这是对基于种群元启发式寻优方法类的统称，包括粒子群算法（PSO）、蚁群算法（ACO）、鸟群算法、蜘蛛算法、人工鱼群算法、蛙跳算法、萤火虫算法、细菌算法、大爆炸算法等众多算法。它们大同小异，各有特点，都属于启发式、经验性寻优类方法。这类算法的优点是无论优化问题是线性的还是非线性的，对目标函数和约束函数的形式和特征均无限制，都可以用，但是寻优逻辑不严谨，收敛性没保障，是否能够得到全局最优解也没保障。群智能算法中，蚁群算法和粒子群算法用于水库优化调度的文献较多。蚁群算法（ACO），是一种以自然界蚂蚁觅食寻径方式为基本思想的仿生算法，其特点是正反馈、分布式计算和富于建设性的贪婪启发式搜索。有时它与别的算法组合应用寻优。粒子群算法（PSO），是一种以鸟群飞行觅食行为基本思想的仿生优化算法，在系统初始化随机解的基础上，通过迭代搜寻最优值，其优点在于简便易于实现，需调整参数个数较少，但也存在早熟、局部最优等方面的不足，对此有许多改进的粒子群算法取得了较好的效果。其他算法在此不一一分析。

2.1.3　多目标问题及其解决方法

水库调度多目标问题源自于水库的多用途。水库调度涉及防洪、发电、灌溉供水、航运及生态环境、旅游娱乐等多种用途，需要统筹考虑和权衡经济、社会和生态环境等方面的效益或效果，同时还要考虑决策者的偏好、调度风险以及实际现状等。解决这类多用途优化调度问题的数学方法就是多目标优化方法。

在国外，多目标优化问题的起源可以追溯到 18 世纪。1772 年 Franklin 提出了多目标之间的协调问题。1836 年，Cournot 从经济学原理出发，提出了多目标问题模型。1896 年意大利经济学家 V. Pareto 在经济平衡的研究中提出了多目标优化问题，从数学角度上把原本不可比的若干个目标转变成可相互比较的单一目标进行求解。1951 年 Kuhn 和 Tucker 从数学规划角度提出了向量极值问题，给出了一些基本定理。同年，T. C. Koopmans 引入 Pareto 最优的概念，并从生产与分配活动的角度研究了多目标优化问题。1961 年，F. Charnes 等将多目标规划方法引入多目标决策问题的研究中。在水利领域，1962 年 Maass 引入了多目标优化。第一次国际性的多目标决策讨论会于 1972 年召开，之后越来越多的人研究多目标优化问题。20 世纪 70—80 年代 G. Tauxe 等人较多地研究了多目标动态规划在水资源领域（包括水库调度）的应用。70 年代末，A. L. Saaty 提出了 AHP（the Analytical Hierar - chy Process）法，并出版了有关 AHP 法的专著。如今多目标决策问题已广泛应用于经济、管理、水资源管理、运筹学等领域，越来越多地受到人们的重视。

在我国水利领域，叶秉如于 20 世纪 60 年代最早将多目标决策方法引入水资源利用研究中。1983 年，董子敖等提出了适用于水电站水库优化调度的改变约束法，解决了水电站群设计保证率与发电量最大之间的协调问题，并应用于刘家峡、青铜峡等梯级水电站群的优化调度，且以国民经济效益最大为目标函数将两目标的优化问题转化为单目标优化问题，制定了水库优化调度方案。1987 年，叶秉如分别运用改进权重法和非劣解生成法，针对性分析与研究了三峡水库的参数优选问题。同年，董子敖等提出了一种求解计入径流时空相关的梯级水库群长期优化调度问题的多目标优化方法。该方法经过多次分层，将复杂问题化为较简单的诸多子问题，然后利用多目标决策改变约束法和动态规划逐次渐进法等方法，逐一解决子问题，最终求解了该复杂问题。1988 年，胡振鹏等采用分解聚合法将水库群多年运行的整体优化问题分解为若干按时间划分的子系统，在各子系统优化的基础上，将各水库的年内运行策略聚合成上一级系统，最后借助模型确定水库群多年运行策略，从而求解了水库群多目标优化调度。同年，林翔岳等利用多目标决策方法研究了具有供水和发电两个目标的水库群优化调度问题。1995 年，王本德等构建了淮河某水库群的多目标防洪调度模型。1998 年，杨侃等将多目标分层网络分析模型引入梯级水电站多目标优化的研究中，并将发电引水流量、泄洪损失水量、灌溉水量、水库蓄水量、供水量等作为目标，建立了梯级水电站优化调度的多目标模型，在一定程度上提高了算法效率。

与单目标优化问题比较，多目标优化问题的求解技术和应用难度都在于，如何对待多个目标，特别是当一个目标改善必须以适当牺牲其他目标为代价时如何权衡和决策。解决了该问题，多目标优化问题就转化成了单目标优化问题，单目标优化求解方法就可以用了。

将多目标转化为单目标的方法目前主要有以下几类。

1. 线性加权法

线性加权法就是通过对不同的目标赋予不同的权重，对加权后的多目标进行加和，将多目标问题转化为单目标问题求解，从而使问题得到简化。该方法是目前水库群多目标优化调度研究最为成熟的方法之一，关键在于对相互独立的不同目标权重的选取，怎样才合理。通常有客观权重法和主观权重法以及二者相结合的方法。常用于决定目标权重的层次分析、主成分分析法和风险偏好系数法等都属于线性加权法。

2. 非线性加权法

实际上，对某个目标的等量改善的投入可能并不是线性的，目标值对某事的重要性或影响也不是线性的（例如，边际效益递减、边际危害递增等规律），各个目标函数之间的相对重要性随着目标值的变化往往也是变化的。反映和求解这类多目标优化问题，就要用到非线性加权法。非线性加权法要求问题求解者或者决策者认真建立每两个目标之间交易曲线（一般非线性）。由于实际操作难度很大，目前见到的应用例子不多。有些重要事件涉及若干重要方面，决策者（或决策群）面对技术部门提供的各方面信息，一遍一遍地追求满意解的决策过程，就含有非线性加权法的实质，尽管没有严格的非线性计算。

3. 约束法

此法基本思想是将某些目标转换成某种约束，只留下一个目标或较少几个目标，再将留下的几个目标采用一定的方法（如线性加权法）转换成单目标，从而使得多目标转换成单目标。例如，当生态目标与经济目标无法公度时，采用约束法将生态目标转化成一定的约束是一种比较可行的方法。可以根据实际情况，把约束法与线性加权法结合起来应用。

4. 理想点法

此法原理是先分别对各目标进行单目标优化求解，然后由各单目标最优解值组成多目标优化问题的理想点，再在非劣解集中寻找与理想点最为接近（多维目标空间的距离最短）的可行解，该解视为多目标的最优解。描述和处理最优解与理想点之间偏差的方法常见的有 p-模法、极大偏差法和几何平均法等。这类方法，不顾各个目标值的实际价值和相对价值（或重要性），遇到难题采取不作为的态度，把决策权交给了数字，逃避了经济、社会和生态环境等方面的现实需要，做纯理论方法研究无可厚非，作为解决实际问题是不可取的，盲目决策的后果可能是灾难性的。

2.1.4　来水量不确定性问题的处理方法

水资源系统存在许多不确定性因素，3.1 节将有比较简略的介绍。对这些不确定性因素的科学描述是非常困难的，在水资源优化配置和水库优化调度领域中科学地考虑它们就更难。来水量对水库调度决策很重要，下面就简要讨论一下中长期水库调度领域中对来水量不确定问题的处理方法。

对于来水量预报期为几小时、一天、几天等时间尺度的情况，人们已经能够建立观测、预报和分析系统（即水情测报预报系统），比较准确地分析得到未来的来水量，并建立了实时预报调度方法，为提高水库短期优化调度决策准确性起到了很大作用。在没有水情测报预报系统之前，短期来水量是不确定的和难以预知的；有了该系统之后，就变成了绝大部分能够预报，小部分是预报误差。能够预报部分就变成确定的了，误差部分仍然是不确定的。在同一时代，某一预报手段或水平下，一般是预见期越短，预报精度越高；情形越简单、机理容易弄清楚的预报精度越高。例如，已经到河里的水量从上游流到下游的预报精度最高；既有河里水又有正在产汇流水的情形，预报精度比前者有所降低；既有河里水又有产汇流水、还有天上在降和待降水的情形，预报精度比第二种情形又降一个等级。在水库短期调度中，能够准确预报的部分就作为确定性的水量处理，对于不能准确预报的部分多作为随机变量处理。在预报精度很高，预报不准部分所占比例很小的情况下，随机部分就可能直接被忽略。不少水库就把短期预报视为已知，采用确定型方法解决。事实上，水库的调节库容等容错能力和所采用的实时修正等调度方式，基本上能够随时纠正由预报误差导致的调度误差，避免或大大减小误差累计效应。

对于来水量预报期为旬、月、年、多年等时间尺度的情况，几乎都是同时包括河流水、产汇流水、天上在降和待降水的情形，预报难度非常大，预报精度一般也非常低。仅预报期为旬的降水预报精度都很低，如何提高预报精度是目前国际上正在努力解决的难题，同时考虑河流水、产汇流水、天上在降和待降水预报期更长时期的来水则是难度更大的课题。

一方面，现阶段不能奢望有符合实用精度要求的月、年及其以上时间尺度的中长期来水量预报成果可用；另一方面，应用概率理论和模糊理论等数学方法描述中长期来水量的不确定性，并据此研究提出新的水库优化调度方法，近几十年来，研究的文献很多，不少还是做得很深、很细的，但多是在经过较大的抽象和简化的基础上进行的，成果经得起实践检验、实际决策部门敢用的方法几乎没有。例如，我国的一些大型水电集团公司，想利用中长期来水量预报成果和相应的水库优化调度方法，列了不少课题请了国内外专业人士进行专门研究，也拜访了国际上先进的水库调度管理单位。结果目前实际的中长期调度计划制定还是主要靠经验。中长期调度计划与实际的偏差，靠借助系统的容错性和短期实时调度随时纠正。

2.1.5　存在问题及发展趋势

目前水库调度研究领域存在的主要关键问题及其解决方向如下：

1. 不确定性问题

一方面要继续研究不确定性因素变化规律和更加符合实际的描述方法以及考虑不确定性的水库优化调度方法；另一方面还要研究如何更好地利用系统的容错能力实时纠正错误、消除误差累积，进而降低调度决策风险、提高调度效益。

2. 多用途或多目标问题

这是水库群调度不可回避的普遍问题。加权类、目标约束类及其相结合的方法是最有应用前景的。水库群调度人士需要花大力气研究具体情况下各用途或目标之间的对价关系，提炼出更加符合实际的权值、目标约束值等。这样才能够做出更好的多目标优化调度。

3. 维数灾问题

克服此问题有赖于几方面的发展和进步：①合理地精简次要因素，突出主要因素，并研究降低维数的优化算法；②并行计算技术的发展和速度更快、内存更省的技术设施。

2.2　水利枢纽工程智能监控研究进展

水利是国民经济和社会发展的基础产业，水利枢纽工程智能监控是该基础产业的一部分，其研究的核心是如何运用先进的技术手段支撑工程的安全、高效运行和加强对水利信息资源的开发利用，形成水利信息综合采集系统，建成水库群数据中心。目前已建成了连接全国流域机构和各省（自治区、直辖市）的实时水情信息传输计算机广域网，建设了400多个水利卫星通信站，为水利数据的实时快速传输创造了条件。

1. 国内外调水工程监控和信息系统研究与建设概况

国内外一些典型知名调水工程监控和信息系统的技术特点对比见表2.1。

2. 水利信息系统发展趋势

我国已建成各流域、各省（自治区、直辖市）的水文数据库和国家级水利政策法规数据库，能够对外提供初步的查询服务。同时还有一批数据库，如水利空间数据库、全国水土保持数据库、全国农田灌溉发展规划数据库、全国防洪工程库和全国蓄滞洪区社会经济信息库等正在启动中。主要发展趋势如下：

（1）工程环境特殊，客观上要求实现远程自动化管理。

（2）工程规模巨大、技术复杂，必须提高管理水平。

（3）长距离输配水工程安全、稳定运行的迫切需要。

（4）大型供水工程现代化管理的必然趋势。

表 2.1　　　　　　　　国内外知名调水工程监控和信息系统技术特点对比

供水工程	规模（工程特性）	环境特性	公共资源	已建成的专业子系统	信息系统的技术水平
加利福尼亚调水（费德河）	总长约为 800km，年引水量 53 亿 m³。管道、渠道、隧洞、水库、泵站、水电厂等	环境较好，调水扬程最高	有通信、电力、交通资源	闸门、泵站、水电厂监控 3 个专业系统	实现了遥信和集中控制，部分渠系的控制工程已做到无人管理
中亚利桑那（科罗拉多河）	总长 539km，年调水量 18.5 亿 m³。水渠、泵站（蓄能电站）、隧洞、倒虹吸等	环境较好	有通信、电力、交通资源	水电厂、泵站和渠系管理 3 个专业系统	实现了遥信和集中控制，有些渠系的控制工程已做到无人管理
山西万家寨引黄（黄河）	总长 241km，年输水量 12 亿 m³。大型泵站、隧洞、埋涵、渡槽等	环境一般，多级泵站	通信、电力、交通资源不够完备	泵站监控、工程安全监测 2 个专业系统	子系统独立建设，实现了泵站和工程监测的分区域管理
深圳东改（东江）	全长 51.7km。泵站、隧洞、渡槽、箱涵、倒虹吸地下埋管、渠道等	环境好，雷电突出	有通信、电力、交通资源	泵站监控、工程安全监测、通信网络 3 个专业系统	子系统独立建设，实现了专业的统一管理
黔中水利枢纽（三岔河）	总长 247.45km，年调水量 5.5 亿 m³。水库、水电站、泵站、隧洞、渡槽、倒虹吸、渠道等	环境一般，地质构造复杂，沿线建筑物多，控制要求高	无通信、电力、交通资源	水雨情实时监测、闸门远程自动控制、图像监控、工程安全监测、电站及泵站监控通信专网等专业子系统	实现了多个应用子系统的远程监控和综合调度。构建了决策支持等高级应用平台

多用途水库群优化
调度理论方法与模型

第3章

本章初步讨论了水资源系统的不确定性和容错性、来水与需水的周期性及其相关性；着重研究提出了体现这些特征的水库群中长期优化调度理论方法——年周期序贯决策方法，在此理论基础上建立了多用途水库群优化调度模型；还研究提出了适用于复杂多途水资源系统的发电问题的高精度线性化方法，即跟踪各发电水库的调度运行轨迹，划分动态子空间，在每个动态子空间内进行发电线性化的方法；最后介绍了水库入流系列的随机模拟方法。

3.1　水资源系统的不确定性

水资源系统不确定性是指某些要素随着时间的变化而变化，人们对这些要素未来发生的变化不能预知或者部分不能预知。水资源系统存在许多不确定性，例如：

（1）水资源水量及其运动的不确定性，例如，降水、产流、汇流、径流、蒸发、渗漏、潜流等方面的不确定性。

（2）水资源需求的不确定性，例如，国民经济各行业的需水量（尤其是农业需水量）、生态环境需水量等方面的不确定性。

（3）水量运移通道的不确定性，例如，天然河流、地下水通道、人工渠道等方面的不确定性。

（4）水量停留空间的不确定性，例如，湖泊数量和大小、水库数量和大小、地下水孔隙率等方面的不确定性。

（5）水质的不确定性，等等。

（1）和（2）的变化较快，不确定性更突出。从水资源配置的角度，最关心其中的来水量和需水量的不确定性；（3）和（4）中的要素变化较慢，在某些时间尺度下，可以视为不变的或者是可知的。例如，从某一水平年水资源配置的角度看，对于河流水系可看作是固定不变的；在规划水平年某规划方案中，水利工程也可看作是可知的。（5）中影响水质的要素变化快慢都有、自然和人为的原因都有，在不同的情况下关注的重点不同。

在水资源配置中，尤其是水库调度中，来水量的不确定性通常会对配置结果和调度结果的正确性或准确性有至关重要的影响。因此，长期以来人们投入了大量精力和财力，采取了很多方法进行探索和预报。例如，水情预报、气象预报、经济预测、需水预测等。有些短期水情预报的准确性较高；目前中长期（旬、月、年）水情预报的准确性低，尤其在汛期，中长期预报的准确性很低，根本不能满足实际应用的需要。现实中，人们不得不接受中长期预报不准的客观事实，便试图用一些数学方法去描述来水的不确定性规律，例如概率论、随机过程方法，经数代人的努力后依然发现，面对稍微复杂一点的系统例如 4 座水库以上、多个时段以上，基本上不能正确描述，相应的随机调度方法也无法应用。因此，目前确定型水资源配置方法和水库调度方法在实际中应用仍然十分广泛。确定型方法假定来水和需水等信息完全已知，操作较简单易行，优化结果理想化，能够把可以利用的各种关系和潜力全部都挖掘出来，最大限度地减少配置措施及其成本，显示出最好的效益。然而实际上做不到。实际来水和需水往往都偏离中长期预测值，确定型方法得出的优化配置和调度方案就偏离了实际。当实际比预期的不利时，就存在决策风险。为了减小其配置结果与调度结果的误差以及决策风险，在有些情况下人们采用了来水长系列方法进行配置和调度，有效减少了风险，但仍然存在偏理想的成分。

在水资源配置中，对于需水通常采用完全已知的确定型方法。

3.2　来水与需水的周期性及其相关性

3.2.1　来水的周期性

来水的周期性是指来水量按照一定时间反复变化。由于来水量（通常主要指降水量、径流量、地下水补给量等）受到的影响十分复杂，并不是纯粹按照某一个固定周期和固定振幅变化的，而是按照多种时间周期和振幅变化的。例如，短期变化、年内季节性变化（即年周期变化）、长短不等的连续多年变化等。例如，海河流域天然年径流量除了存在年周期外，还存在 8～12 年、14～20 年以及 35 年的旱涝变化周期。太阳对地球的影响最大，无论是从光热的角度，引力的角度，还是运动的角度都是最大的。这就决定了太阳对地球气候变化的影响也最大、在影响地球某一地区来水量变化的众多因素中也是影响最大的因素。地球绕太阳运行的周期为一年。不仅地球环绕太阳一周的时间为一年，地球与太阳的距离变化周期、太阳直射到地球南北半球的位置变化周期等也为一年。这些变化直接影响着地球上水分的蒸发、运移、降落等过程和路径。所以在来水量变化的各种周期中，年周期的规律性最突出，或者说季节变化规律最强。从多方面的观测数据的统计结果也可以看出太阳的巨大影响及其影响的年周期变化规律。例如，潮白河的径流主要集中于每年的 6—10 月，占全年径流总量的 59%～76%；松花江干流中游段的年径流过程呈双峰型，4—5 月为春汛但径流量不大，8 月径流量达到年内峰值；位于乌江流域中游的黔中水库群（包括平寨水库和红枫湖水库等）汛期是 6—8 月，枯水期是 12 月至次年 3 月。总之，来自不同地区的降水、径流等方面的实际观察系列都表明，在各种来水周期中，年周期最明显、最可靠，总是如期而至，到时而去。因此，在水资源配置和水库调度中，年周期用得最多。

　　分析和认识黔中水库群入库径流量的统计特性，对于科学应对未来径流量变化对水库水量调度可能造成的影响具有重要的参考意义。这里运用周期分析方法对平寨和红枫湖两个最重要的控制性水库的入库年径流特性作进一步分析，分别探究其趋势性和周期性。

　　1. 平寨水库来水量多年周期分析

　　对平寨水库坝址断面 1968—2007 年 40 年来水量过程（以后直接称平寨水库来水量，其他水库同理）进行 Morlet 小波分析，得到小波变换等值线图［图 3.1（a）］。从图中可以看出，在大尺度上（20～35 年）上，来水量存在明显的周期震荡，表现为"多-少-多"的变化；在小尺度上（10～15 年），来水量也出现了周期震荡，表现为"多-少-多-少"的循环变化。进一步探究来水量随时间变化的主周期，绘制小波方差图

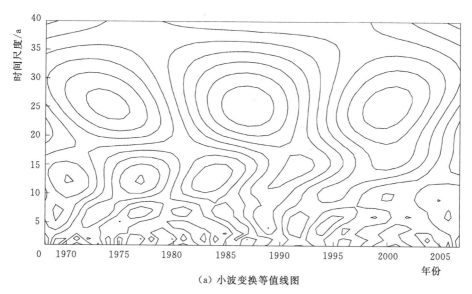

(a) 小波变换等值线图

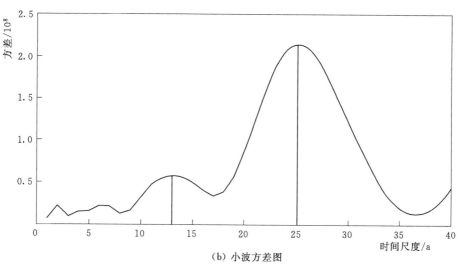

(b) 小波方差图

图 3.1　平寨水库 1968—2007 年来水过程小波变化

［图 3.1（b）］。观察得出：第一峰值出现在 25 年时间尺度下，第二峰值出现在 13 年时间尺度下，表明平寨水库来水量的年际变化主周期为 25 年，且存在 13 年左右的次周期。

2. 红枫湖水库来水量多年周期分析

对红枫湖水库 1968—2007 年 40 年来水量过程进行 Morlet 小波分析，得到小波变换等值线图［图 3.2（a）］。从图中可以看出，在大尺度上（15～35 年）上来水量存在明显的周期震荡，表现为"多-少-多"的变化；在小尺度上（5～10 年），来水量也出现了周期震荡，表现为"多-少-多-少"的循环变化。进一步探究来水量随时间变化的主周期，绘制小波方差图［图 3.2（b）］。观察得出：第一峰值出现在 25 年时间尺度下，第二峰值出现在 6 年时间尺度下，表明红枫湖水库来水量的年际变化主周期为 25 年，且存在 6 年左右的次周期。

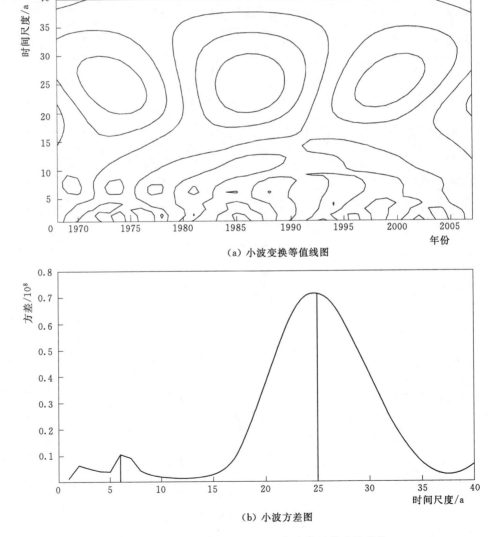

(a) 小波变换等值线图

(b) 小波方差图

图 3.2 红枫湖水库 1968—2007 年来水过程小波变化

3. 平寨和红枫湖水库来水量年周期分析

图 3.3 和图 3.4 分别展示出平寨和红枫湖水库 1968—2007 年的月来水流量过程线，从图中可以明显看出月来水流量的年内周期性变化规律。图 3.3 中实线为月来水流量过程线，虚线为汛期低流量线，右边数字 49 为该线流量值，汛期 90％的月份平均流量在此线以上，即可靠性 90％；点画线为枯水期高流量线，右边数字 20 为该线流量值；枯水期 90％的月份的平均流量在此线以下，可靠性也为 90％。该图表明，平寨水库每年月流量的丰、平、枯变化特征显著，波峰波谷出现时间规律性强。枯水期 1—3 月来水流量小，汛期 6—8 月来水流量大，其余月份来水流量居中，尽管过程线形状稍有差异，但每年都保持着基本相同的变化规律性和周期性。图 3.4 展示的是红枫湖水库月来水流量变化过程，汛期低流量线和枯水期高流量线的可靠度都为 90％。该库月来水流量同样存在明显的年内周期性变化规律。

经分析，桂家湖、高寨、鹅顶、革寨、大洼冲、凯掌、松柏山、花溪、阿哈等水库的月来水流量都存在类似的年周期规律性，只不过因为它们的集水面积较小，空间均化效果较小，汇流时间短，月来水流量较大时期缩短到 6—7 月。综合年周期和月周期的分析可知：①水库来水量存在着年周期和多年周期；②年周期规律性很强，很可靠且相对比较简单而明显（对一般水库都存在，同一水库丰、平、枯水期比较稳定），多年周期规律性不强，很不可靠，相对比较复杂且不明显（对不同水库年际周期的时间尺度不同，且可能存在多种时间尺度的年际周期，每种都不明显，综合表现出来的水量变化比较杂乱，水多、水少出现的时间难以预料）。由于水库调节能力的制约以及多年需求量变化规律难寻等方面原因，加之来水量的多年周期规律性不强，其多年周期一般很少能够被用于水库调度或水资源配置模型中。黔中水库群来水量的年周期规律性明显而可靠，并且可以方便地运用于水库中长期调度。本书基于年周期序贯决策的水库优化调度模型正是充分运用了水库来水量的年周期规律，可以最大化水库群联合调度效益。

3.2.2　需水的周期性

需水的周期性是指某种需水量按照一定时间反复变化。由于地球绕太阳运行的周期为一年以及太阳在许多重要方面（例如光、能、引力、气候等）对地球的影响变化周期均为年，导致了地球动物和植物的繁殖生长及活动规律普遍存在一定的年周期变化规律，伴随着这些规律其需水量也具有年周期变化规律。人类活动不仅与一般动物具有类似性，而且其政治、社会、生活及生产活动更是增强了年周期性，例如，政治活动、节假日、集会、生产计划、度假、娱乐等都具有明确的日期/时期/季节性和年周期性，相应的用水行为和用水量也存在着明显的年周期变化规律。这些规律决定了自然界和人类社会的各种需水比较普遍地存在一定的年周期变化特征。不同需水表现出的年内需水过程不同，年周期性变化的强弱程度也就不同。在以往的水资源配置和水库调度研究中，通常将社会经济需水按照用水行业划分为城镇生活、农村生活、工业与三产、农业、河道内生态环境、河道外生态环境（含城镇生态环境和农村生态环境）等，主要就是为了较好地反映各行业的用水特征，分析掌握各种需水的年内实际变化规律并进行合理预测。受不同因素影响，各行业的需水量变化过程不尽相同，但都具有以年为基本周期的变化规律，尤以农业需水量和生态

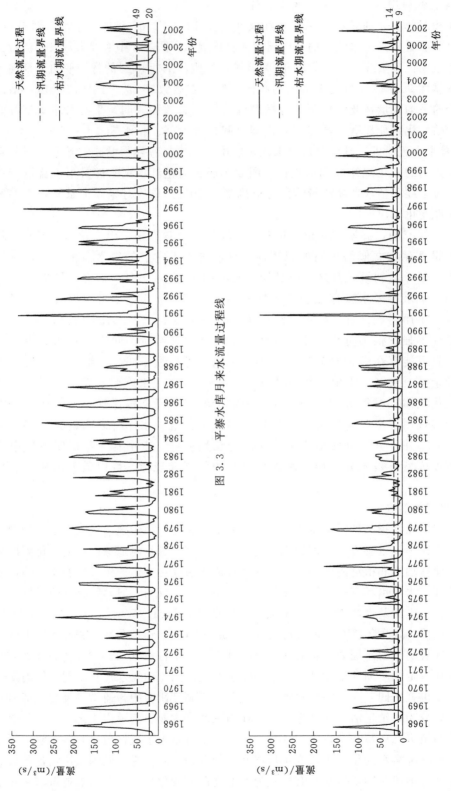

图 3.3　平寨水库月来水流量过程线

图 3.4　红枫湖水库月来水流量过程线

环境需水量最为突出。受区域种植模式、作物生长规律、气候变化规律（特别是降水量变化规律）等的影响，农业灌溉需水量（或简称农业需水量）过程往往呈现出以年为基本周期的强烈变化规律；而且受降水量（尤其是在作物生长期内的有效降水量）不确定性的影响，不同来水年份不同季节同种农作物的需水量也是不同的；一般情况下某一时期降水量越多作物需水量就越小，降水量越少作物需水量就越大，因此有很强的不确定性。以黔中地区为例，该地区农业需水量主要集中于 6—8 月，基本是单峰型过程；2020 年不同来水频率下黔中地区农业需水量过程如图 5.1 所示。与农业需水量不同，城镇生活、农村生活、工业和三产的需水量受人类社会活动规律的影响相对较大，受降水量变化的影响相对较小，在一定用水量条件下，年内需水量过程是相对稳定的，在水资源配置中通常近似认为各月相同；城镇生态需水过程、农村生态需水过程与农业需水过程类似，但由于其需要水利工程供应的水量在总需水量中的比重一般较小，因此在有的应用实例中为了简便省事也近似认为其需水量过程各年每月需水量相同。从周期规律和不确定性的角度看，生活、工业与三产、城镇生态、农村生态需水均具有以年为基本周期的周期规律。因此，在水资源配置和水库调度中，需水量都是按照年计划计算的。为了反映不同来水量对需水量的影响，通常按照典型年法，计算不同来水频率下的年内需水过程和年需水量。

　　从前述分析可知，来水和需水过程都存在周期性变化规律，在各种周期中，年周期最突出、最可靠，也比较容易运用。因此，在中长期水资源优化配置或水库优化调度中应该进行完整的年周期优化才相对合理，即使是不能够进行完全年调节的季调节水库也需要做完整的年调度利用计划；如果优化期短于一年，则不能够完整反映来水和需水的年周期变化，也就不能够很好地制定出较好的水库调节能力利用计划，从而影响中长期优化调度质量，即使是递推性质的中长期优化调度也是如此。

　　至于来水系列表现出来的多年周期是否可用，是否值得用，目前所见到的来水系列多年周期分析结果，都只能说明可能存在若干个时间长度不等的多年周期。从这些分析结果看，同一条河流或水库的来水系列可以得出多个时间长度不等的多年周期，相互掺杂，很难找出每个多年周期出现的规律，更无法找出它们的组合规律。由于各条河流的来水系列的长度都很有限，一般远远达不到寻找这种多年周期组合规律性所要求的长度。迄今为止实际观察得到的来水系列都没有能够满足实际利用要求的多年周期。另外，大多数河流水库调节库容相对有限，出于保障防洪安全的需要，汛期多数时间水库调节库容不敢充分利用，只有极小机会（即洪水大于等于水库设计洪水时）能充分利用。加之来水量过程的年周期性变化很强，汛期来水量很大，常常是枯水期的数倍甚至 10 多倍以上（集水面积越小的河道断面的来水量相差倍数越大），几乎年年汛期大多数水库都会产生弃水，因而没有进行多年调节的能力。例如，2016 年，长江汛期降水量较多，尤其是中游地区降水量特别多，7 月不仅沿江广大农村成为泽国，武汉市等不少城市街上也可以划船。即使在洪灾如此巨大的情况下，同期，三峡水库也只是利用小部分调节库容适当削减下泄洪量，减轻有关城市的防洪压力，蓄水位仍然保持在 150 多米。该蓄水位以上大部分调节库容仍然空着不敢用，因为不知道未来上游来水量多大。长江干支流其他大型水库也是如此。其他大江大河的大中型水库，遇到类似情况也是如此。即使是多年调节水库，多数也只是能够调节连续枯水年（像密云水库数十年蓄不满的个例极少）。在以往多年调节水库应用实践中，多采用确定型方法，都是按照设计枯水段（连续枯水年）和多年调节水库的调节库容进行跨年调节，没有考虑多年周期。所以，一般水资源系统或水库群缺乏进行多年周期的调控能力。另外从经济学或实际效益代价权衡的角度，把水资源系统或水库群的调控能力增加到能够调控完整的多年周期程度，一点不缺水，是很不经济的和很不现实的。总之从多方面看，目前及今后一段时期，来水的多年周期是不可能在实际的水资源配置和水库调度中广泛应用的，建立基于多年周期的水资源优化配置理论、方法和模型的难度是极大的。

3.2.3　需水与来水的相关性

社会经济需水及生态环境需水都与来水存在一定的相关性：年需水总量和年内各时段的需水量都与来水量特别是年降水总量和时段降水量有一定的相关性。农业需水量和生态环境需水量与降水量的相关关系最强，月旬降水量越多时段内的需水量就越小。降水量过程存在明显的年周期变化规律，农业需水量和生态环境需水量也存在很强的年周期变化规律。红枫湖水库的集水区域大致与研究区相同，该库来水量的变化基本上能够反映研究区的来水量变化情况。图 3.5 给出了不同来水频率年下，研究区的农业需水量和红枫湖水库来水量的月变化过程及年值的关系。该图显示，二者有明显的相关性，来水量越小的年份农业需水量越大。城乡居民生活需水量和二、三产业需水量，与来水量或降水量的相关性，远没有农业需水量和生态环境需水量那样明显。

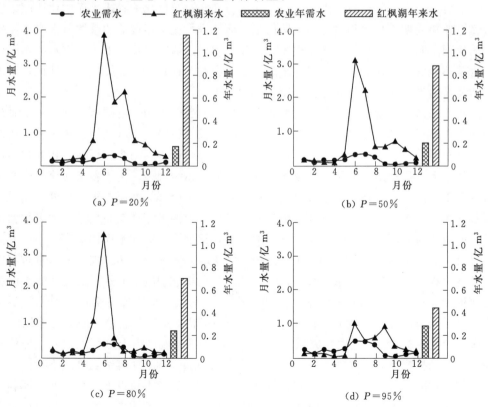

图 3.5　不同来水频率下红枫湖水库来水量与农业需水量过程及年值的关系

3.2.4 发电与来水的相关性

水电站设计规模的大小以及电站建成后不同时间尺度内的发电量多少都与其所在河流断面的径流量存在直接而密切的关系，与集水区域的降水量有间接关系。径流量或降水量越多，电站的装机容量就越大，出力和发电量就越大，反之亦然。在既定的电站装机容量下，同样是径流量或降水量越多的年份或时段，电站出力和发电量就越大。水电站水库的综合利用调度（包括发电调度）也与来水量有密切关系。由于水电站的来水量一般具有明显的年周期变化特征，水电站的发电量也具有明显的年周期变化特征。

3.2.5 调水与来水的相关性

调水与来水的关系比同一地区需水与来水的关系更为复杂，因为调水量同时与调出区的来水量和需水量、调入区的来水量和需水量发生关系，还与水资源优化配置和工程调度有关。在工程调水能力制约下，调出区的来水量和需水量就直接决定可调水量的大小。一般是调出区的来水量越大，调出区的需水量越小，满足当地需水后，可调水量就越大。调入区的来水量和需水量的关系同 3.2.3 节所述。之所以建设调水工程，就说明调入区存在一定规模的缺水量。一般是调入区来水量越小，需水量越大，缺水量越大，需调水量就越大。通常，在需调水量不超过调出区的可调水量和工程调水能力的条件下，调水量就等于需调水量。这是简化的调水量与来水量的关系，没有考虑水资源优化配置、工程调度以及调出区与调入区来水的相关性以及水价关系等因素的影响。考虑这些因素影响后，会对调水量与来水量的上述基本规律有一些定量调整。

以本书研究的黔中水利枢纽工程为例，由于调入区与调出区的来水有较明显的同步性，采用调入区的来水频率统一确定系统的来水典型年。综合反映各种因素后，调水量与来水量呈负相关，即来水量越小调水量越大。丰、平、枯、特枯水年的平寨水库调水量依次为 42278 万 m^3、46813 万 m^3、53556 万 m^3、57518 万 m^3。

3.3 水资源系统的容错性

一般水资源系统都存在一定的容错性或容错能力。水资源系统（包括水库群系统）的容错性主要存在以下几方面：

首先，系统中水库群库容所形成的调节能力。通过单库或多库联合调节运用，对于一定程度的来水量变化或预测误差可以应对过去，不至于产生严重后果。尤其是，有些系统具有年调节、甚至多年调节能力，其容错性是比较强的。系统未来来水量的预报或估计会产生误差，这就会对工程调度决策产生影响，同时来水量过程不是均匀无变化的，年内具有汛期水量多、非汛期水量少的特点，而生活及生产用水量过程大都与来水量过程不一致，因此需要通过水库的丰枯调蓄作用来缓解这种矛盾。另外由于水库具有调蓄能力，之前对来水和需水的预判误差可以通过当前时段水库调蓄的作用进行缩小或消除，只要能够正确及时地调整调度决策，通常不会累计造成整个年份的显著误差。

其次，一般水资源系统都有一定的地下水量可以利用，有的地下水系统的调节能力是非常强的，例如，东北、华北、华中、华东等平原地区地下水系统往往具有多年调节能力。黄淮海地区地下水超采几十年，超采量早已超千亿立方米，之所以没有一下子发生毁灭性灾难，与该地区地下水系统具有超强的调节作用和容错能力的缓解有着很大的关系。本研究只着重考虑水库群，在此就不深入讨论地下水系统的容错性。

再次，水库或水电站的地区分布差异、地形差异以及相互间串并联关系，使它们存在着水文和水力互补关系，因而具有一定的容错能力。各电站之间存在天然的地理位置差异——上下游的关系，当联合调度时，就存在一定的发电先后关系，上游电站一般在供水期先发电，蓄水期后蓄水，下游电站一般先蓄水后发电，以达到一个充分利用水能资源，获得最大社会效益的目的。这也是联合调度发电系统的容错性的体现。

电力系统有多种电源，每种电源又有多个电站，通过电力系统联网和联合调度后，便具有互补性和容错性。在某时段即使某个电站发电出力减少，通过电力系统调度，仍然能够保障电力供应。

同样，在网络联系比较强的供水系统中，即使某时段某个供水工程供水能力降低，通过系统对供水量的调节或对需水量的适当协调，仍能够实现供需平衡，保障用水。

尽管目前对水资源系统的容错性讨论和研究不多，但是在自动控制领域类似概念 ro-bustness（被译成鲁棒性或抗变换性）的研究却比较多。控制系统的 robustness 是指控制系统在某种类型的扰动（包括但不限于自身模型的扰动）作用下，系统某个性能指标保持不变的能力。自动控制领域就 robustness 的研究产生了鲁棒控制方法、鲁棒性设计、鲁棒性系统、鲁棒调节器等概念和术语及设施。在此不一一赘述。总之，水资源系统的容错性或容错能力，对水资源配置既是客观存在的也是比较重要的，值得重视。

正是水资源系统（包括水库群）存在各种各样的容错性，才使得一些利用预报信息的决策，在存在预报误差的情况下依然可行，不至于产生严重后果。国际国内依靠短期预报进行水资源系统实时调度的应用已经相当广泛，尤其是防洪和发电利用短期预报信息进行实时调度的特别多，应用效果也比较好。目前中长期来水预报的精度还远没有达到实际应用的要求，因而中长期预报调度实际上还很少。本书后面，则是在综合反映来水和需水的不确定性、年周期性和相关性的基础上，充分利用系统的容错性，建立了基于年周期序贯决策的面向实际复杂水库群系统的中长期调度理论方法和模型。

3.4　优化调度年周期序贯决策方法

3.4.1　方法依据

在 3.1 节、3.2 节和 3.3 节中，分析了水资源系统（包括水库群）所具有的不确定性、来水和需水的周期性与相关性以及系统的容错性。基于对水资源系统这些重要特性的认识，既要正视中长期来水和需水无法准确预知的客观现实，又要充分研究和利用系统的前述重要特性，建立与之相适应的水库群中长期多目标优化调度方法和模型，尽量减小来水和需水不确定性给水库中长期调度决策带来的不利影响。

根据前面的分析结果得出以下几点基本认识：

（1）对于复杂系统水资源优化配置和水库群中长期优化调度，既然随机过程方法在来水描述和优化调度求解两方面目前都面临无法逾越的障碍，不如暂时放弃，另寻可用的调度方法。

（2）既然目前没有搞清楚月、年、多年等时间尺度的中长期来水的影响因素和机理，没有结果可信的预报方法，就应该承认这一客观现实，理智地放弃依赖预报精度很差的中长期水量预报进行调度的思路。对于大多数流域，尽管各年各月的来水量无法预报，但是年周期规律确实存在，非常可靠，并且需水与来水存在相关性，也存在年周期规律，水库群中长期优化调度就应该利用年周期规律。水资源优化配置和水库群中长期优化调度都应该以年为优化期，否则是不合理的。

（3）采用来水和需水完全已知假设的确定型方法得到的水资源优化配置和水库群中长期优化调度的结果偏于理想，由于实际上达不到，而偏于不安全（尤其是遇到特别枯水年枯水期），需要正视现实并采取有效措施降低风险。利用系统的容错性，采取适时修正反复优化、序贯决策，可以有效避免误差积累，是降低风险的一种好方法。

（4）对于给定用途的水资源系统或水库群和给定的水平年，来水量最关键，知道了来水量就可以求得需水量。以各时段来水量的多年平均值构成的年来水量过程，是长系列过程的无偏估计或数学期望值。面对中长期未来来水量没有符合精度要求的预报过程的现实，根据长系列实测资料得到的多年平均时段来水量过程进行估计是可行的。

这就是建立基于年周期序贯决策的水库群优化调度方法的主要依据。

3.4.2 方法原理

基于年周期序贯决策的水库群优化调度方法是：每次的优化期是一年，是逐时段递推的。周期内可以以月或旬为时段。这里以月为时段，周期内含 12 个时段（$YTN=12$），分为决策期和计划期。决策期是当前时段（$t=tm$），也是优化周期内第 1 时段。计划期是后面 11 个时段。优化期时段集合为 TC。读入这 12 个时段的信息（包括来水和需水信息等）。当前时段为实际值，未来时期各时段为相应月的多年平均值，求解这一个周期的优化问题，存储当前时段的决策结果，作为下一优化期的初始状态。然后，将优化期往后平移一个时段，其中决策时段变为 $tm+1$，如此循环下去。对于共 STN 个时段的来水长系列情况，共需进行 STN 个周期的优化求解。

基于年周期序贯决策的水库群优化调度方法原理如图 3.6 所示。该原理对于水库群单目标优化调度和多目标优化调度都适用。

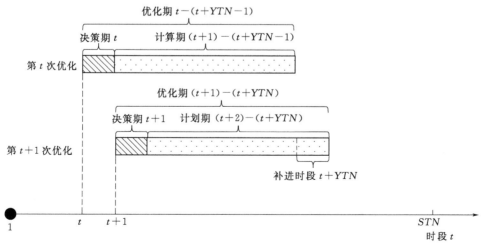

图 3.6 基于年周期序贯决策的水库群优化调度方法原理示意图

3.4.3　方法优点

水库群优化调度年周期序贯决策方法的主要优点如下：

（1）克服了确定型调度方法假设来水和需水信息完全已知、计算结果偏理想的不足，使计算结果更加贴近实际，更加安全（对此更详细的案例说明见3.6.2节）。

（2）逐时段递推年周期优化，不存在各种按年优化的调度方法所具有的年与年之间割裂问题。

（3）不依赖于任何预报预测技术、复杂的周期分析、随机分析与模糊分析技术等，操作方便，具有广泛的普适性。

3.5　水库群优化调度年周期序贯决策模型

某水库群中只要有一个及其以上的水库有两种或两种以上的用途，就构成综合利用水库群，又称多用途水库群。多用途水库群极其普遍。多目标优化方法是解决多用途水库群优化调度的基本方法，多目标优化调度模型是对应的关键技术。下面介绍的是基于前述理论的多用途水库群优化调度的年周期序贯决策模型。

3.5.1　建模思路

从来水和需水的年周期性及不确定性与多用途水库群优化调度的关系出发，模型将考虑了来水和需水的年周期性及不确定性的年周期序贯决策法引入水库调度决策；并将以往水资源配置研究中的供水决策，拓展到同时考虑供水、发电、生态等多目标的水库群优化调度问题，构建基于年周期序贯决策的多用途水库群优化调度模型。

水库群系统概化方面，以水库群系统概化图为基础，采用多水源、多工程、多传输系统的描述方法，对系统中各水源和水量的传递关系予以客观、正确的描述。

模型空间结构方面，抓住水资源自然循环运动和按照社会经济及生态环境用水需要循环运动的两条线索，一般可按照流域分区嵌套行政分区的方式划分计算单元。根据研究区具体情况，也可按照其他方式划分计算单元，例如，本书的研究实例就是以灌区片和城市作为计算单元的。

模型时间结构方面，抓住反映水文时间序列变化规律和反映水资源利用规划与管理需要的两条时间线索，两条线索聚焦于优化周期的各时段，并按时段对各单元每一用水行业进行水供需平衡分析。

优化调度结果方面，包括多目标优化调度非劣解集、各方案下的水量平衡结果、各水库社会经济供水调度结果和生态环境供水结果、各水电站发电调度结果以及渠道网络控制节点的过水结果和各分水口的供水结果等。

3.5.2　模型特点与组成

黔中水库群优化调度模型的主要特点如下：

（1）多目标，即在满足保障防洪安全和生态环境供水约束条件下使水库群在社会经济供水和电站群发电等方面的综合效益最大。

（2）以长藤结瓜特点为主要特征的串联和并联同时存在的水库群结构，多地区多种用途构成的网状需求结构。

（3）优化调度为中长期优化调度，考虑了来水和需水的不确定性与年周期规律以及二者间的相关性，优化计划按年周期逐时段递推，调度决策逐时段做出。

（4）优化调度模拟采用的水文系列为历史长系列，隐式地反映了来水和需水的多年变化特征。

（5）输出结果丰富，可以满足规划设计阶段的要求，包括每一方案各方面的总体结果，各水库及各控制节点或断面的各种供水量的多年平均结果及其月过程，各电站的多年平均发电量、保证出力，各河段的生态环境水量及月过程等结果以及不同频率年下的各种年值结果和典型月过程等。

黔中水库群优化调度模型主要由以下几部分组成：

（1）数据输入。包括基本元素（计算单元、水库、调水节点、需水行业、规划水平年等）、河渠系网络（地表水渠道、外调水渠道、河段等）、河渠道基本参数（各类河渠道的工程特征参数）、计算单元信息（需水过程、各行业供水有效利用系数等）、水利工程信息（水位库容曲线等水库特征参数、水库调度规则、水电站参数等）、各河段的生态环境基本需水量信息等。

（2）模型参数。包括各类河道、渠道的蒸发、渗漏系数和有效利用系数，各水库的蒸发、渗漏系数以及各计算单元灌溉渠系的蒸发、渗漏系数等。

（3）平衡方程和约束条件。平衡方程包括水库、节点、计算单元等水量平衡方程和发电方程等，约束条件包括水库蓄水量、河渠道过流能力、发电流量、发电出力等。

（4）目标函数。分为河道外供水效益最大、发电效益最大等几类，借助权重法可将多个目标函数转化为一个新的目标函数，最终对这个新的目标函数求解。

（5）结果输出。从供水量、缺水量、调水量、发电量等角度对调度结果进行分类统计与输出，同时根据需要对长系列决策结果及其月过程进行分类统计与输出。

3.5.3　模型的集合、参数与变量

集合、参数与变量是构成模型平衡方程、约束条件及目标函数等的基本单位。

（1）集合是组成模型各类基本元素并反映各元素之间关系的所有元素的统称。为便于区分，本书将采用大写字母表示集合全体，采用小写字母表示集合内的各元素。

（2）参数是模型的外生变量，即模型的输入部分，反映的是水库群系统中各类基本元素的有关特征值。这些参数是在分析整理研究区水库、河渠道等有关调查统计资料的基础上加以确定，并输入模型的。

（3）变量是模型的内生变量和决策因子，由模型求解后得出。为方便区分，统一在参数前加前缀"P"，在变量前加前缀"X"。模型的集合、参数与变量见表3.1。

3.5.4　主要平衡方程与约束条件

主要平衡方程包括水库水量平衡方程、节点水量平衡方程、计算单元供需平衡方程、发电出力与发电量方程等；约束条件包括渠道过流能力约束、农业"宽浅式破坏"、水库蓄水量约束、水库下泄流量约束（下游生态环境需水约束）、发电流量约束、发电出力约束以及非负约束等。

表 3.1 模型的集合、参数与变量

名称	意义及说明	名称	意义及说明	名称	意义及说明
集合					
N	所有水库（ir）、节点（nd）、计算单元（j）、水电站（k）	$U(N)$	上游元素集合	$LD(L)$	外调水渠道
$ND(N)$	节点	$D(N)$	下游元素集合	$C(N)$	元素集合
$IR(N)$	蓄水工程	$L(N,N)$	连接上下游的河流、渠道	T	时间
$J(N)$	计算单元	$LR(L)$	河道	$TM(T)$	计算时段
$HP(N)$	水电站	$LS(L)$	地表水渠道	$TY(T)$	年
参数					
$PCSC$	河渠道有效利用系数	$PRSU1$	水库正常库容	$PPHSS$	水电站水头损失
$PCSCA$	农业供水有效利用系数	$PRSU2$	水库防洪汛限库容	$PPMTA$	水电站平均尾水位
$PCSCC$	非农业供水有效利用系数	$PCSL$	河道生态环境基本需水量	PT	时段小时数
$PRSLO$	水库月渗漏损失系数	$PPCAP$	水电站装机容量	$PCSU$	河渠道过流能力
$PRELO$	水库月水面蒸发系数	$PPEFI$	水电站机组效率	$PRSF$	水库入流量
$PRSL$	水库死库容	$PPQUP$	水电站发电过流能力	$PZWA$	农业毛需水量
$PRSU$	水库最大库容	PH	水电站发电水头	$PZWC$	非农业毛需水量
变量					
$XCSRL$	地表水渠道供水量	$XZSO$	计算单元河道道退水量	$XRSV$	水库蓄水量
$XCDRL$	外调水渠道供水量	$XCRRP$	水库供电站发电水量	$XRSLO$	水库渗漏损失
$XCSRA$	地表水渠道供农业水量	$XPPQ$	水电站发电流量	$XRELO$	水库蒸发损失
$XCSRC$	地表水渠道供非农业水量	XN	水电站发电出力	$XZMA$	农业缺水量
$XCDRA$	外调水渠道供农业水量	XE	水电站发电量	$XZMC$	非农业缺水量
$XCDRC$	外调水渠道供非农业水量	$XCRRL$	河道输水量		

（1）水库水量平衡方程。

$$
\begin{aligned}
XRSV_t^{ir} =\ & XRSV_{t-1}^{ir} + PRSF_t^{ir} + \sum_{ls[u(ir),ir]} PCSC^{ls[u(ir),ir]} XCSRL_t^{ls[u(ir),ir]} \\
& + \sum_{ls[u(nd),ir]} PCSC^{ls[u(nd),ir]} XCSRL_t^{ls[u(nd),ir]} + \sum_{ld[u(nd),ir]} PCSC^{ld[u(nd),ir]} XCDRL_t^{ld[u(nd),ir]} \\
& + \sum_{lo[u(j),ir]} PCSC^{lo[u(j),ir]} XZSO_t^{lo[u(j),ir]} - \sum_{ls[ir,d(j)]} (XCSRC_t^{ls[ir,d(j)]} + XCSRA_t^{ls[ir,d(j)]}) \\
& - \sum_{ld[ir,d(j)]} (XCDRC_t^{ld[ir,d(j)]} + XCDRA_t^{ld[ir,d(j)]}) \\
& - \sum_{ls[ir,d(ir)]} XCSRL_t^{ls[ir,d(ir)]} - \sum_{ls[ir,d(nd)]} XCSRL_t^{ls[ir,d(nd)]} \\
& - \sum_{ld[ir,d(ir)]} XCDRL_t^{ld[ir,d(ir)]} - \sum_{ld[ir,d(nd)]} XCDRL_t^{ld[ir,d(nd)]} \\
& - \sum_{ld[ir,d(ir)]} XCRRL_t^{ld[ir,d(ir)]} - \sum_{ld[ir,d(nd)]} XCRRL_t^{ld[ir,d(nd)]} \\
& - XRSLO_t^{ir} - XRELO_t^{ir} \qquad\qquad \forall t,ir \quad (3.1)
\end{aligned}
$$

（2）节点水量平衡方程。

$$\begin{aligned}
PNSF_t^{nd} = &+ \sum_{ls[u(ir),nd]} PCSC^{ls[u(ir),nd]} XCSRL_t^{ls[u(ir),nd]} + \sum_{ls[u(nd),nd]} PCSC^{ls[u(nd),nd]} XCSRL_t^{ls[u(nd),nd]} \\
&+ \sum_{ld[u(ir),nd]} PCSC^{ld[u(ir),nd]} XCDRL_t^{ld[u(ir),nd]} \\
&+ \sum_{ld[u(nd),nd]} PCSC^{ld[u(nd),nd]} XCDRL_t^{ld[u(nd),nd]} \\
&+ \sum_{lo[u(j),nd]} PCSC^{lo[u(j),nd]} XZSO_t^{lo[u(j),nd]} \\
&- \sum_{ls[nd,d(j)]} (XCSRC_t^{ls[nd,d(j)]} + XCSRA_t^{ls[nd,d(j)]}) \\
&- \sum_{ld[nd,d(j)]} (XCDRC_t^{ld[nd,d(j)]} + XCDRA_t^{ld[nd,d(j)]}) \\
&- \sum_{ls[nd,d(ir)]} XCSRL_t^{ls[nd,d(ir)]} - \sum_{ls[nd,d(nd)]} XCSRL_t^{ls[nd,d(nd)]} \\
&- \sum_{ld[nd,d(ir)]} XCDRL_t^{ld[nd,d(ir)]} - \sum_{ld[nd,d(nd)]} XCDRL_t^{ld[nd,d(nd)]} \\
= &\ 0 \qquad\qquad\qquad\qquad\qquad\qquad\qquad \forall\, t, ir
\end{aligned} \tag{3.2}$$

（3）计算单元供需平衡方程。

$$PZWA_t^j = XCSA_t^j + XCDA_t^j + XZMA_t^j \qquad \forall\, t, j \tag{3.3}$$

$$PZWC_t^j = XCSC_t^j + XCDC_t^j + XZMC_t^j \qquad \forall\, t, j \tag{3.4}$$

（4）发电出力与发电量方程。

$$XN_t^k = 9.81 PPEFI^k PH_t^k XPPQ_t^k \qquad \forall\, t, k \tag{3.5}$$

$$XE_t^k = XN_t^k PT_t^k \qquad \forall\, t, k \tag{3.6}$$

式中：k 为电站编号，下同；XN_t^k 为发电出力；$PPEFI^k$ 为机组效率系数；PH_t^k 为发电水头；$XPPQ_t^k$ 为发电流量；XE_t^k 为发电量；PT_t^k 为发电小时数。

（5）水库蓄水量约束。

$$PRSL_t^{ir} \leqslant XRSV_t^{ir} \leqslant PRSU_t^{ir} \qquad \forall\, t, ir \tag{3.7}$$

$$PRSU_t^{ir} = \begin{cases} PRSU1_t^{ir} & t \notin 汛期 \\ PRSU2_t^{ir} & t \in 汛期 \end{cases} \tag{3.8}$$

（6）水库下泄水量约束（大于等于河道内生态环境基本需水量）。

$$XCRRL_t^{ir} \geqslant PCSL_t^{ir} \qquad \forall\, t, ir \tag{3.9}$$

（7）发电流量约束。

$$XPPQ_t^k \leqslant PPQUP_t^k \qquad \forall\, t, k \tag{3.10}$$

式中：$PPQUP_t^k$ 为水电站发电过流能力。

（8）发电出力约束。

$$PPCLO^k \leqslant XN_t^k \leqslant PPCAP^k \qquad \forall\, t, k \tag{3.11}$$

式中：$PPCLO^k$ 为水电站最小出力；$PPCAP^k$ 为水电站装机容量。

（9）非负条件约束。上述所有变量均为非负变量。

（10）农业供水"宽浅式破坏"约束。农业供水"宽浅式破坏"约束是指当供水量不足农业必须发生缺水时，要将缺水量分配在若干时段、若干计算单元，避免集中在一个时段的某个计算单元。

如果在模型中没有此约束，最优解容易出现缺水量集中在个别计算单元、个别时段的农业供水上。这种结果虽然在数学目标函数值上是最优的，然而农作物的生产效益需要整个生长期的合理供水，如果在某个时段的大幅度缺水，会导致大幅度减产甚至绝收，即使前后时段供水量充足也是如此。一般优化模型的目标函数没有反映这种供水效益的过程性关系。故本书提出农业供水"宽浅式破坏"约束条件予以弥补，防止出现目标函数值是优的，但是实际效果却是差的结果。

3.5.5　目标函数

建立以水库群系统的供水效益和发电效益最大为目标，以生态环境基本需水量为约束的多目标优化调度模型。最后利用 GAMS 系统软件开发调度模型的计算机软件，并求解使目标函数达到极值的优化问题。GAMS 全称为 General Algebraic Modeling System，是世界银行在 20 世纪 90 年代开发的一种建立和求解大型复杂数学规划问题的高级计算机商业软件。

（1）以供水效益最大为目标，构建如下目标函数：

$$\max OBJ_1 = \sum_j \sum_{t=tm}^{tm+YTN-1} a_{sur}(PA_{sur}XZSA_t^j + PC_{sur}XZSC_t^j)$$
$$+ \sum_j \sum_{t=tm}^{tm+YTN-1} a_{div}(PA_{div}XZDA_t^j + PC_{div}XZDC_t^j) \quad \forall t,j \quad (3.12)$$

式中：a_{sur}、a_{div} 分别为当地水和外调水的供水权重系数；PA_{sur}、PC_{sur}、PA_{div}、PC_{div} 分别为当地水供农业用水、当地水供非农业用水、外调水供农业用水、外调水供非农业用水的供水量权重系数，书中案例采用农业供水原水水价与非农业供水原水水价；YTN 为整个优化期的时段数，采用月为时段，优化期 $YTN=12$。

目标函数中以当地水农业供水量、当地水非农业供水量、外调水农业供水量、外调水非农业供水量为决策变量。

（2）以发电效益最大为目标，构建如下目标函数：

$$\max OBJ_2 = \sum_k \sum_{t=tm}^{tm+YTN-1} PE_k XE_t^k \quad \forall t,k \quad (3.13)$$

式中：PE_k 为各水电站的发电权重系数，案例采用统一的水力发电价格表示，目标函数中以各水电站的发电量为决策变量。

（3）综合以上两个目标函数，得到总目标函数如下：

$$\max OBJ = OBJ_1 + OBJ_2 \quad (3.14)$$

总目标函数的意义是水库群系统供水、发电效益之和。根据具体研究对象与需要，对以上各权重系数赋值即可得到相应的多用途水库群优化调度的目标函数。此外，针对不同调度需求构建目标函数时，可能还需要考虑各类用水户的供水优先序、各水库的调度规则等，这里就不作赘述，只列出最主要的优化目标来说明基本原理。

3.6　年周期序贯决策模型与确定型模型的计算结果比较

前面已经详细介绍了体现来水和需水的不确定性与周期规律的水资源优化配置方法年

周期序贯决策模型，还从机理和操作等方面简略分析了该方法的优点。或许还有不少读者仍然存在这样的疑问：在来水和需水都不确定的条件下，年周期序贯决策模型所做的配置和调度是否合理可信？其计算结果与来水和需水信息完全已知的确定型模型的计算结果究竟差别如何？下面采用作者根据一些典型应用案例所作的对比分析结果，对这些疑问给予初步的、大致的定量说明。不同的系统差别会不同，具体需要读者在实践中摸索。

以来水和需水信息完全已知为条件的水资源优化配置（含水库群优化调度）确定型模型较多，但是可用于大型复杂系统（尤其是含数 10 座水库以上的系统）的不是很多。中国水利水电科学研究院王浩院士和甘泓教授于 20 世纪 90 年代初研发了一种水资源优化配置确定型模型，先是在海南省和新疆北部地区应用。该模型后经尹明万、魏传江等多人在实际应用中不断改进完善，先后被应用于解决海南省、华北地区、新疆维吾尔自治区、河南省安阳市、广东省珠海市、山东省青岛市和济南市、青海省海西蒙古族藏族自治州、辽宁省大连市大沙河流域和太子河流域及大凌河流域、海河流域、黄淮海地区、松辽流域等流域或区域的水资源优化配置问题以及南水北调东、中、西线调水工程、青海省引大济湟工程、吉林省中部城市群供水工程等调水工程涉及区域的水资源优化配置问题。通过众多应用实践的锤炼、磨合和验证，该模型技术成熟，可操作性强，计算结果比较可信，并且求解规模基本上不受限制，可适用于大、中、小型系统。为了对比方便，本书就选用该模型作为确定型模型的代表（下面简称确定型模型）与年周期序贯决策模型进行对比计算。

3.6.1 黔中水库群多用途优化调度计算结果对比

以下是年周期序贯决策模型和确定型模型对比计算的相同条件与不同之处：

对比计算的相同条件。为了保证计算结果的可比性，两模型采用的实际条件完全相同。年周期序贯决策模型与确定型模型面对相同的黔中水库群进行多用途优化调度问题。水库群见 4.1.2 节，系统网络结构如图 4.1 所示，多用途优化调度的价格方案是农业供水水价为 0.2 元/m³、非农业供水水价为 2.0 元/m³、上网电价 0.3 元/(kW·h)，生态环境需水量情景为情景 1（表 5.4）；各水库来水量采用 1968—2007 年系列年月过程；规划水平年是 2020 年，规划水平年各计算单元的需水种类和需水量及其过程完全相同（来源《黔中水利枢纽一期工程初步设计报告》，简称《初步设计报告》）；其他条件相同（详见第 4 章至第 6 章）。

对比计算的不同之处。主要是两种模型对来水和需水的假定和处理方法不同。年周期序贯决策模型关于来水和需水的假定和处理方法如 3.4.2 节所述。确定型模型假定给定水平年（即规划水平年 2020 年）的来水和需水信息完全已知，并且按照计算单元、水资源种类和用水种类都事先将来水量和需水量长系列年月过程匹配好。每次从长系列过程中，取出一年的来水量和需水量过程统一进行优化调度和供需平衡分析，然后一次性同时做出全年各月的调度决策。下一次以上一年末各水库的蓄水量状况为初始基础，依据所取出的下一年来水量和需水量过程做下一年的计算和调度决策，直至 40 年系列计算完为止。

针对黔中水库群多用途优化调度，年周期序贯决策模型和确定型模型的计算结果对比见表 3.2。

表 3.2　　　　　　　　　年周期序贯决策模型和确定型模型的计算结果对比

模　　型	供　　水						发　　电		系统总效益/万元
	供水量/万 m³			供水效益/万元			发电量/(万 kW·h)	发电效益/万元	
	合计	农业	非农业	合计	农业	非农业			
确定型	78883	17521	61362	126228	3504	122724	92358	27707	153936
年周期序贯决策	78868	17506	61362	126225	3501	122724	88266	26479	152705
两种模型结果对比（确定型比年周期序贯决策大为 E）									
相对差异/%	0.019	0.086	0.000	0.002	0.086	0.000	4.431	4.432	0.800

两模型结果对比分析可知：

(1) 只要掌握和正确利用了来水和需水的年周期变化规律和系统的容错能力，即使不知道未来来水和需水的具体过程，也能够得到与这些信息完全已知条件下的最优结果基本相同的总体结果。该案例系统总效益的多年平均值两者仅相差 0.8%。

(2) 用水边际效益越小的用途效益相对差异越大，这是两模型都按最优原则调度的结果：非农业供水的边际效益最高，两模型的供水量都优先满足需要，效益相同；农业供水的边际效益次之，效益相对差异次之 (0.086%)；水力发电用水边际效益最小，不确定性带来的风险集中于此，效益相对差异最大 (4.432%)。

3.6.2　海河流域环首都地区水资源优化配置计算结果对比

前面已经介绍了两种对比模型在来水和需水处理方面的差异，下面就只介绍对比计算的背景和相同条件。

对比区域是海河流域环首都地区，包括海河流域的滦河及冀东沿海、海河北系和海河南系三个水资源二级区；在行政区域上，地跨北京、天津、河北、山西、内蒙古和辽宁 6 个省（自治区、直辖市）涉及 15 个地市和 2 个盟；按照水资源三级区套地级行政区的方法划分计算单元（辽宁省朝阳市和葫芦岛市在海河流域的面积太小合并为 1 个），共 39 个计算单元。对比区域总国土面积 183395km²。以 1980—2005 年水资源系列计算，该区域多年平均水资源总量为 170.60 亿 m³，其中地表水资源量为 99.48 亿 m³，地下水资源量为 111.48 亿 m³，重复量为 40.36 亿 m³。区内共有总库容 1 亿 m³ 以上的大型水库 23 座，涉及的大型跨流域调水工程主要有南水北调中线和东线工程、万家寨引黄工程、引黄济津工程以及引滦工程（跨三级区）等。配置中社会经济用水行业是按照城镇生活、农村生活、工业及三产、农业灌溉、城镇生态划分的，河道内用水及入海水量是按照断面约束和统计的。为了使两种配置模型计算结果对比简单明了，本书将各行业配置结果按照"高效益用水""低效益用水"进行合并，并假设高效益用水单位水量的价值是低效益用水单位水量的价值的 6 倍（目标函数中权重关系）。前者包括城镇生活、农村生活和工业及三产，后者包括农业灌溉和城镇生态。

该水资源优化配置没考虑水力发电，属于线性规划问题。

在相关研究中，主要用年周期序贯决策模型研究了该区域不同水平年的水资源优化配置问题，还专门采用年周期序贯决策模型和确定型模型对枯水年、丰水年和长系列情况，进行了水资源优化配置对比分析。对两种模型给出的最优解信息，就长系列优化配置的多年平均情况，不同来水典型年各单元、各行业的供需平衡及缺水率差异和不同水源供水情况，不同时段需水满足情况，水库汛前蓄水和汛后蓄水情况等方面进行了深入的对比分析。由于篇幅的原因，这里仅选取 2030 水平年长系列优化配置的多年平均结果进行对比分析。

针对海河流域环首都地区 2030 年水资源优化配置，两模型给出的最优解总体结果见表 3.3，不同来水情况下两模型给出的分种类供水量差异见表 3.4。以高效用水缺水率为例子，两模型长系列的整个水资源系统年缺水率差异过程如图 3.7 所示。枯水年份，整个水资源系统的时段最大缺水率往往要比年缺水率大得多。两模型得出的整个水资源系统高效用水的长系列逐年年内最大时段缺水率差异如图 3.8 所示。

表 3.3   海河流域环首都地区 2030 年两模型计算结果对比

模型	来水频率	供水量/万 m³			缺水量/万 m³			缺水率/%		
		高效益用水	低效益用水	总供水量	高效益用水	低效益用水	总缺水量	高效益用水	低效益用水	综合
确定型	$P=25\%$	983087	1162830	2145917	25	37515	37540	0.00	3.23	1.75
	$P=50\%$	983112	1301581	2284693	0	83364	83364	0.00	6.40	3.65
	$P=75\%$	983112	1446028	2429140	0	143576	143576	0.00	9.93	5.91
	$P=90\%$	982852	1342316	2325168	261	479413	479674	0.03	35.72	20.63
	多年平均	983035	1259971	2243006	77	223299	223376	0.01	17.72	9.96
年周期序贯决策	$P=25\%$	983106	1153910	2137016	6	46435	46441	0.00	4.02	2.17
	$P=50\%$	983075	1305784	2288859	38	79161	79199	0.00	6.06	3.46
	$P=75\%$	983037	1463157	2446194	75	126447	126522	0.01	8.64	5.17
	$P=90\%$	979379	1360361	2339740	3734	461369	465103	0.38	33.92	19.88
	多年平均	981466	1264960	2246426	1647	218310	219957	0.17	17.26	9.79
差异	$P=25\%$	−19	8920	8901	19	−8920	−8901	0.00	−0.80	−0.42
	$P=50\%$	37	−4203	−4166	−38	4203	4165	0.00	0.34	0.19
	$P=75\%$	75	−17129	−17054	−75	17129	17054	−0.01	1.29	0.74
	$P=90\%$	3473	−18045	−14572	−3473	18044	14571	−0.35	1.80	0.75
	多年平均	1569	−4989	−3420	−1570	4989	3419	−0.16	0.46	0.17

表 3.4   海河流域环首都地区 2030 年两模型的供水量相对差异比较

来水频率	供水量相对差异/%		
	高效益用水	低效益用水	总供水量
$P=25\%$	−0.002	0.767	0.415
$P=50\%$	0.004	−0.323	−0.182
$P=75\%$	0.008	−1.185	−0.702
$P=90\%$	0.353	−1.344	−0.627
多年平均	0.160	−0.396	−0.152

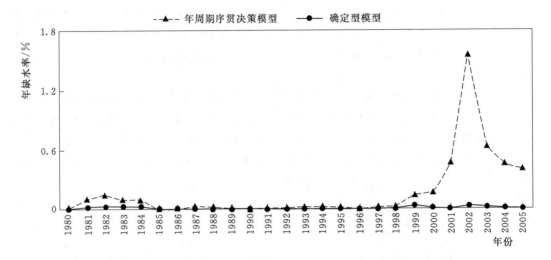

图 3.7 两模型水资源系统高效益用水的年缺水率过程比较

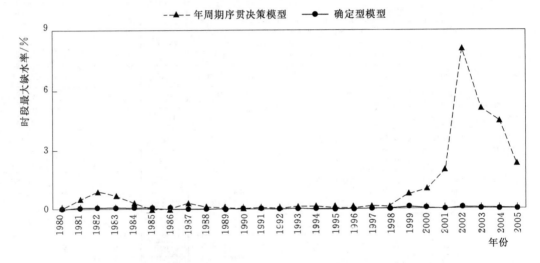

图 3.8 两模型水资源系统高效益用水年内时段最大缺水率过程比较

对比发现:

(1) 年周期序贯决策模型得到的最优解的多年平均总供水量与确定型模型得到的多年平均总供水量基本相同,两者仅相差 0.15%,综合缺水率仅相差 0.17%。然而从多年平均的分类供水量看,确定型模型向高效益用水多供了 1569 万 m³,以低效益用水少供4989 万 m³ 为代价。按照两类供水量的权重衡量,多供的高效益用水的价值大于少供的低效益用水的价值。理论上,确定型模型的结果略优于年周期序贯决策模型的结果。

(2) 不同来水年份,两模型的结果差异有所不同,枯水越严重年份高效供水量的差异越大。这是由于年计划期的实际来水量比多年平均值偏低越多,所造成年周期序贯决策模型的配置结果越不能达到来水量完全已知的理想结果。

(3) 在大多数来水年份,年周期序贯决策模型得出的配置结果,高效用水年缺水率和时段最大缺水率与确定型模型的结果几乎没有差别,这主要是因为系统有很强的容错能力

（有很强大的地表水水库调节能力和地下调节能力），对通常幅度内的来水量变化可以通过系统调节，使其满足需水过程的要求，但是对比大干旱情况特别是连续多年严重干旱，系统的容错能力并不能够充分弥补，于是年周期序贯决策模型得出的高效用水年缺水率和时段最大缺水率与确定型模型的结果差异就显现出来了。1980—1984 系列是连续枯水年，年周期序贯决策模型得出的两种缺水率比确定型模型的稍大一些，1997—2002 系统是严重的连续枯水年段，虽然 1998 年的来水量多一些，也只是属于平丰水年，但是 1997 年、1999 年、2001 年、2002 年都是来水量非常少的，2002 年是长系列中最少的，而且是连续枯水年段的最后一年，系统的容错能力最弱（例如，之前水库存蓄的、可灵活支配的水量最小）。在此严重的连续枯水年段，缺水率差异特别明显。2002 年水资源系统的时段最大缺水率差异最大，年周期序贯决策模型为 8.14%，确定型模型为 0.08%。实际上，我们现在根本无法预知未来 1 月、几月、1 年、几年的来水量，从而也无法明确知道需水量，严重枯水是在一定程度上出乎人们的预料，还是不能够完全调节过来，还是会加大缺水程度。因此，确定型模型给出的几乎不缺水的配置结果，偏于理想，实际上偏于不安全。也就是说，如果完全相信确定型模型给出的 1997—2002 连续枯水年基本不缺水的结论，不预备应急措施或预备不足，实际上又做不到完全已知来水和需水信息并依据它们最优地安排好所有时段、所有水源和供水工程向每一个计算单元每一种需水的供水量配置，就必定会遭受较大的缺水损失，尤其是那些供水条件差的计算单元缺水损失更加严重。年周期序贯决策模型给出的缺水率，虽然不是最理想的，但是提示人们遇到最不利的来水情况下，缺水程度有多大，相应的损失能否承受。如果不能承受，则事先要预备好应急措施，例如，降低需水量规模，或者增加应急备用供水措施和供水能力，只有在这类严重情况出现时使用。这样就有利于提高实际供水系统的安全保障。

3.7　发电问题线性化方法

黔中水库群优化调度问题含有水力发电问题，属于非线性规划问题。如果将发电问题线性化，就能够将整个水库群优化调度问题转化为线性问题，可以用线性规划方法求解。线性规划法不仅有收敛到全局最优解的理论保障，而且求解速度很快，因此得到了广泛应用。

3.7.1　线性化思路

对于水力发电问题，如果逐个电站整体线性化，发电量计算的误差比较大。假设一个最大水头 100m（水库蓄水位处于正常高水位）、水库水位最大消落深度 40m（水库蓄水位处于死水位）的水电站，则最大水头是最小水头的 1.67 倍。可见在两水位下单位水量的发电量是相当悬殊的。通常水库处于正常高水位、死水位和汛限水位附近的运行时间比较长，而处于平均水位附近的运行时间并不一定最长，所以平均水头并不一定能够较好地代表多数时段的真实情况。更关键、难度更大的是水资源优化配置是动态进行的，水库的水位和发电水量及目标函数都是变化的，在建立优化模型时都是优化对象。如果对于各个电站水库水位与发电水量缺乏匹配依据，就难以保证线性化后的发电量计算精度。

我国古代著名数学家刘徽（225—295 年）对圆周率的求解方法，给出了很好、很重要的启发。圆周是曲线，从局部出发沿着圆的轨迹能够一段一段地用直线线段近似圆弧，算出了整体上精度很高的圆周率（3.1415～3.1416）。关键有两点：①必须沿着圆的轨迹逐段近似，即简化必须符合具体问题的实际情况，这一点最重要；②通过足够多的局部近似和简化，可以得到非常接近整体的结果。由此得到解决问题的思路：①掌握各个水电站水库在水资源系统中调度运行的动态空间轨迹，并研究细分发电的多维子空间（是数学上的空间，每个子空间都可以用一些变量或参数描述）；②分别针对每个动态子空间，线性化水力发电问题，建立发电方程；③逐个优化年周期动态地建立水资源多目标优化配置模型；④用线性规划求解含有水力发电的优化配置问题。

3.7.2　线性化方法

根据前述思路，水力发电线性化的关键在于：追寻发电水库调度的动态轨迹、划分动态子空间、确定每个子空间的发电水头。

1. 划分动态子空间

在年周期序贯决策方法中，优化期的时段构成用水时间轴；对于采用长系列来水资料的水资源配置来说，还存在另外一条来水时间轴，即历史来水的年、月时段序列。地理空间包括一个流域或一个行政区或者是由多个流域和行政区交叉组成的某特定区域，例如，针对黄淮海地区，流域或行政区域可以分成多个子区域，最小的为计算单元，构成用水地域轴；在用水户方面既可以是用水行业，也可以是特定用水对象，即用户轴。在计算单元上的行业用水包括城镇生活用水、农村生活用水、工业用水、三产用水、农业用水、城镇生态用水、农村河道外生态用水等；特定对象用水包括航运用水、水力发电用水、河道内生态环境用水、湖泊湿地补水等；水源包括当地地表水、地下水、外调水、非常规水（例如，再生水、集雨工程供水、海水利用工程供水、洪水利用工程供水等，即水源轴。其中集雨工程和洪水资源化工程的供水也可以归于地表水）。水力发电用水属于特定用水，各个水电站构成电站轴。

由此可见，水资源优化配置中的水电站群优化调度比单纯发电的水电站群优化调度复杂得多。不仅水电站（或水库）间存在着串并联关系、水文和水力联系，用水竞争不仅仅是各电站之间、各时段之间的竞争，还增加了多种用水户的竞争，并增加了多种供水水源以及非发电水库和地下水水库进行调节。某个水电站 k 时段 t 的发电用水多少不仅影响着该电站其他时段的用水量与发电量，还影响着其他水电站各时段的用水量与发电量以及整个优化期所有用水户的水量分配方案，而且还受到其他用水户的用水影响和系统调节方案的影响。在决定发电量多少的两大优化变量中，发电水头是各个水电站所独有的，随水库调度方案而变，其影响范围和影响程度都比发电用水量小得多。所以，水力发电线性化时，简化水头比简化水量容易得多。简化水头，首先必须根据整个系统水资源优化配置的特点和要求，跟踪每个水电站水库在调度运行中的动态空间轨迹，划分动态子空间。使每个子空间内水库蓄水位变化较小（即发电水头变化较小），才能做到简化后的发电量误差很小。

动态子空间的维度。从线性化的需要和与发电有关的方面来定义和划分动态子空间：①年内时段以 t 计；②水电站以 k 计；③时段来水量等级（按照时段来水量从大到小排频，划分频率段）以 l 计。对于优化期中的决策时段需要描述的动态子空间 $\Omega_{l,k,t}$ 是三维的，非决策时段，来水量和需水量均采用对应月份的多年平均值，则动态子空间 $\Omega_{t,k}$ 降为二维。

2. 子空间的发电线性化

在决策时段（$t=tm$）发电子空间 $\Omega_{t,k,l}$ 中，发电水头为

$$PH_{t,k,l}=\frac{RSH_t^k+RSH_{t-1}^k}{2}-PPMTA_t^k-PPHSS^k \tag{3.15}$$

式中：$PH_{t,k,l}$ 为时段发电平均水头；RSH_{t-1}^k 为时段初上游水位；RSH_t^k 为时段末上游水位；$PPMTA_t^k$ 为下游平均尾水位；$PPHSS^k$ 为水头损失。

其中，下游平均尾水位和水头损失近似为常数，且已知；时段初上游水位在每次优化之前也已知。时段末上游水位要待当次周期优化配置结束后才能够准确确定，属于未知，但可以通过长系列模拟试算得到相同（指相同电站、相同月份、相同来水，下同）发电子空间 $\Omega_{t,k,l}$ 的水库 k 的月库容或蓄水量变化的统计平均值 $\Delta V_{t,k,l}$，再根据该均值和水位库容关系曲线可求得时段末上游水位 RSH_t^k 的近似估计值。

对于非决策时段（$t\neq tm$），同样可以通过长系列模拟试算得到相同子空间 $\Omega_{t,k}$ 的平均发电水头 $PH_{t,k}$，由水头、机组效率系数与常数 9.81 之积得非决策时段的单位流量的发电出力 $PPGEN_t^k$。将决策时段和非决策时段的发电水头代入式（3.5）即得优化期各时段的线性发电出力方程：

$$XN_t^k=\begin{cases}9.81PPEFI^k\left(\dfrac{RSH_t^k+RSH_{t-1}^k}{2}-PPMTA_t^k-PPHSS^k\right)XPPQ_t^k, & t=tm\\ PPGEN_t^kXPPQ_t^k, & t\neq tm\end{cases}$$

$$\tag{3.16}$$

3. 参数率定

$\Delta V_{t,k,l}$ 和 $H_{t,k}$ 可以通过长系列优化模拟试算得到。初次试算可以不考虑水力发电，由长系列优化模拟的结果可分析得出一套初值。然后，代入优化模型并考虑水力发电，再进行长系列优化模拟，可得出一套新值，即完成一次迭代。各次试算迭代分析得到的结果是收敛的，一般几次就能够得到前后差别很小的结果，即完成了参数率定。只要系统未变，这套参数就一直可用（包括用于规划和运行管理），尽管未来来水量和需水量都在正常变化。系统未变是指：①来水系列的平稳性没有大的变化，不同样本，仍然属于同一总体；②水利工程系统没有变化，例如，没有增加或减少水库、调入或调出水工程等；③用途和使用规模不变，例如，相同水平年和规划方案等不变（水平年或规划方案改变往往会导致供水用途及各种用水量的规模发生显著变化，甚至还有水利工程的变化）。如果系统变了，就需要重新率定参数，重新率定的工作量较小。

3.7.3　线性化方法的收敛性与精度验证

虽然从前面介绍的水力发电问题线性化思路和方法，可以分析推断：在整个系统水资源优化配置迭代过程中，对非线性的水力发电问题的线性化处理的水库水位变量误差、发电水头误差、发电量误差是收敛的，其计算精度是足够高的。但是，由于系统涉及的因素非常多、关系极其复杂，无法从理论上严格证明上述推断。下面采用实证法予以说明。即用黔中水库群的实际系统和综合利用优化调度的实际数据（水库群见 4.1.2 节、

系统网络结构如图 4.1 所示、多用途优化调度的价格方案为表 6.1 中的现实情景、生态环境需水量情景为情景 1，见 5.2.1 节，其他条件与各优化调度方案相同），采用年周期序贯决策法进行长系列优化配置，从优化配置结果中摘出有关信息，对比进行线性化处理与否的差异。

发电水头对比。从由 3 月 ($t=3$）、平寨水电站水库 ($k=1$）、来水分别为从 1968—2007 年系列中提取的丰（来水频率 $P<35\%$，即 $l=1$）、平（$35\%\leqslant P<65\%$，即 $l=2$）、枯（$65\%\leqslant P\leqslant85\%$，即 $l=3$）和特枯（$P>85\%$，即 $l=4$）年份构成的 4 个发电子空间（$\Omega_{t,k,l}$）提取发电水头信息和当月水库需水量变化信息。这些发电子空间中进行线性化处理与不进行线性化处理的平均发电水头差异随迭代次数的变化情况见表 3.5。从前 5 次迭代的结果看，收敛是比较快的。从工程实际应用的角度看，0.1% 的精度不仅满足要求而且是非常高的。这里就以相对水头差异 0.1% 为收敛标准。经过 5 次迭代后，表 3.5 所示平寨水电站水库 3 月对应的 4 个发电子空间的发电水头都满足此收敛条件。经过 10 次迭代后，黔中水库群所有水电站水库的全部动态子空间的发电水头都满足该收敛条件。可见线性化处理得到的发电水头精度是很高的。

表 3.5　　　　　　线性化处理与否平寨水库 3 月平均发电水头差异对比

来水情况	迭代次数	线性化预估的发电水头 /m	未线性化处理的发电水头 /m	相对差异 /%
$l=1$ （丰，即 $P<35\%$）	1	138.74	137.05	1.23
	2	138.67	137.68	0.72
	3	138.55	137.98	0.41
	4	138.36	138.18	0.13
	5	138.24	138.17	0.05
$l=2$ （平，即 $35\%\leqslant P<65\%$）	1	137.41	135.96	1.07
	2	137.40	136.30	0.81
	3	137.15	136.36	0.58
	4	137.12	136.70	0.31
	5	136.93	136.83	0.07
$l=3$ （枯，即 $65\%\leqslant P\leqslant85\%$）	1	136.03	134.72	0.97
	2	135.87	135.02	0.63
	3	135.79	135.33	0.34
	4	135.57	135.31	0.19
	5	135.52	135.47	0.04
$l=4$ （特枯，即 $P>85\%$）	1	134.55	133.36	0.89
	2	134.39	133.58	0.61
	3	134.22	133.75	0.35
	4	134.15	133.91	0.18
	5	134.12	134.08	0.03

各发电子空间的发电水头之所以收敛，是因为水库蓄水量变化值是收敛的。迭代 10 次后就能得到黔中水库群所有水电站水库全部动态子空间的收敛的蓄水量变化值。以平寨水库为例，不同来水情况下各月蓄水量变化值见表 3.6。可以看出，该库丰、平、枯、特枯水年依次是：水库蓄水量减少值逐渐加大，而增加值或回蓄值则逐渐减小；丰水年水库蓄水量减少得少，回蓄得较多，水库保持较高水位；越枯的年份来水越少，蓄水量减少得越多，回蓄得越少，水库处于较低水位。这是符合来水和调水的实际情况和优化调度理念的。

表 3.6　　　　　　迭代 10 次后得到的平寨水库各月蓄水量变化值　　　　　单位：万 m³

来水情况 l	1 月	2 月	3 月	4 月	5 月	6 月	7 月	8 月	9 月	10 月	11 月	12 月
1（丰）	−1239	−663	−1999	−078	−9096	17504	7234	3769	6463	3239	2935	−57
2（平）	−3166	−2856	−4088	−3074	−6220	15149	6135	−968	−20	5433	2793	−524
3（枯）	−4298	−3435	−4690	−4169	−10410	12127	−6016	−10382	−5152	3591	1351	−1948
4（特枯）	−4833	−4045	−5278	−5197	−7161	6162	−5775	−5555	−3716	4318	−589	−2742

发电量对比。水库的蓄水量变化值、发电水头都是中间信息，水力发电线性化的精度最终体现在发电量差异。经过 10 次迭代后，用线性方法计算的平寨水电站和水电站群多年平均发电量与未线性化处理的多年平均发电量的差异见表 3.7。可见前述水力发电线性化方法无论是对单座水电站还是对整个水电站群的多年平均发电量的影响都在万分之几的水平。精度是非常高的。

表 3.7　　　　　　　　　线性化处理对发电量的影响

电站	线性化预估的多年平均发电量 /（万 kW·h）	未线性化处理的多年平均发电量 /（万 kW·h）	电量差 /（万 kW·h）	相对差异 /%
平寨水电站	38098	38082	16	0.042
水电站群	87844	87835	9	0.010

3.8　水库入流随机模拟方法与模拟生成系列

3.8.1　水库入流随机模拟方法

1. 年径流随机模拟模型

年径流随机模拟技术比较成熟、模拟精度较高。常用于年径流随机模拟的模型有 $ARMA(p, q)$、$AR(p)$、ANN 和基于小波分析的组合随机模型等。后面对年径流的随机模拟采用自回归模型 $AR(p)$，并基于 AIC 准则确定 $AR(p)$ 模型的阶 p，有关 AIC 准则的具体内容可以参见相关文献。$AR(p)$ 模型的基本形式为

$$Q_{ty} = u + \varphi_1(Q_{ty-1} - u) + \varphi_2(Q_{ty-2} - u) + \cdots + \varphi_p(Q_{ty-p} - u) + \varepsilon_{ty} \qquad (3.17)$$

式中：Q_{ty} 为原始年径流随机序列；u 为 Q_{ty} 的均值；φ 为自回归系数；p 为自回归阶数；ε_{ty} 为均值为 0；方差为 δ_{ty}^2 的独立随机变量，该方差与样本方差有一定联系，对于偏态序列

常用的处理方法有对数转换法、独立随机项变换法和 W－H 变换法。

2. 月径流随机模拟模型

由年径流随机水文模型模拟得到年径流后，在保证年径流统计特性不变的前提下，可以采用一定的方法将年径流分解成月径流。常采用的年径流分解方法包括双层模型法、典型解集法和相关解集法，不同分解方法有各自的优缺点，在实际应用过程中应根据实际需要进行比选后再确定分解方法。

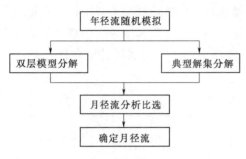

图 3.9　月径流随机模拟流程

本书采用双层模型法和典型解集法对年径流进行分解得到月径流，并对两种方法得到的分解结果进行比较分析，模拟流程如图 3.9 所示。

双层模型法的主要流程是：随机模拟年径流；采用季节性随机模型如 SAR(p) 等模拟月径流；基于年径流对月径流进行修正，修正公式为式（3.18）。

$$q'_{ty,m} = \frac{q_{ty,m}}{\sum\limits_{m=1}^{12} q_{ty,m}} Q_{ty} \tag{3.18}$$

式中：Q_{ty} 为随机模拟得到的年径流；$q_{ty,m}$ 为由季节性随机模型模拟得到的第 ty 年第 $m(m=1，2，\cdots，12)$ 月的月径流；$q'_{ty,m}$ 为调整后的第 ty 年第 m 月径流量。

典型解集法的主要流程是：随机模拟年径流；计算实测径流的月径流分配系数；在实测年径流量中寻找与随机模拟年径流量最为接近的样本，将年径流量模拟值按该年的月分配系数换算为月径流量。

3.8.2　模拟生成的 500 年入流系列

运用两种模拟方法得到黔中水利枢纽水库群 13 座水库的各月径流序列，对模拟结果进行统计分析，得到的各项统计参数的相对误差。其中平寨水库两种模拟方法结果统计参数的相对误差见表 3.8。

表 3.8　　　　　　　　　　平寨水库两种模拟方法结果统计参数的相对误差　　　　　　　　　　%

月　份		1	2	3	4	5	6	7	8	9	10	11	12
均值 U_t	方法 1	3.51	1.82	5.52	3.62	−2.50	−0.11	−5.79	−2.90	0.44	2.24	1.50	1.92
	方法 2	3.15	1.33	0.14	8.30	−1.81	−2.36	−2.25	−4.91	−0.52	2.30	1.12	2.68
均方差 δ_t	方法 1	25.52	21.02	28.36	8.28	1.50	15.30	−4.58	3.44	8.34	16.89	41.59	53.09
	方法 2	−2.49	3.59	−8.04	4.25	−4.49	−9.10	−11.78	−2.95	−8.42	−6.34	−6.48	16.85
变差系数 C_v	方法 1	21.26	18.85	21.65	4.50	4.10	15.42	1.29	6.53	7.87	14.34	39.50	50.22
	方法 2	−5.47	2.22	−8.17	−3.74	−2.73	−6.90	−9.75	2.06	−7.94	−8.45	−7.51	13.81
偏态系数 C_s	方法 1	−26.79	0.04	34.93	2.72	13.57	217.39	12.93	24.82	66.44	58.73	910.30	−9.29
	方法 2	−25.27	−9.02	7.18	0.11	9.86	98.48	−36.15	17.16	−5.73	−100.16	−142.25	−1.04

注　方法 1 为双层解集法，方法 2 为典型解集法。

　　综合对比双层模型法和典型解集法两种分解方法在水库群月径流随机模拟中的应用效果，整体上典型解集法对月过程统计特性和不同频率下年内分配过程的保持均优于双层模型法。因此，6.8.3 节采用典型解集法对黔中水库群涉及的所有水库的月径流进行模拟，各得到 500 年的径流过程。采用此径流序列作为黔中水库群优化调度模型的输入数据，分析在随机模拟长系列情景下该模型的优化调度结果的稳定性。

黔中水库群及其综合利用优化调度的任务

第4章

第4章至第6章是多用途水库群优化调度应用实践篇，详细介绍了体现不确定性与周期规律的多用途水库群优化调度的理论方法在黔中长藤结瓜水库群的应用案例。

本章介绍了黔中水利枢纽工程概况及其设计调度方式与调水量，以及黔中长藤结瓜水库群的基本情况；分析了该水库群综合利用优化调度的任务与要求；对该水库群系统进行了概化并绘制了系统网络图。

4.1 黔中水利枢纽与长藤结瓜水库群

4.1.1 黔中水利枢纽工程简介

黔中水利枢纽工程从水量相对丰富的三岔河引水，统筹解决黔中灌区和贵阳、安顺等城市的缺水问题，对促进当地农业生产、提高农民收入、保障城乡饮水安全具有重要作用。根据《初步设计报告》，该工程的主要任务是黔中灌区灌溉供水和贵阳市城市供水、兼顾发电和改善区域水环境等多种目标的综合利用。该枢纽工程是在乌江干流的三岔河修建总库容为 10.89 亿 m^3 的调水水源水库——平寨水库，然后从平寨水库左岸渠首电站尾水池取水，通过输配水工程向贵阳市以及黔中地区十多个县（市、区）的 49 个乡镇输水。输水干渠总长 148.642km，沿线利用桂家湖、高寨、革寨、大洼冲、红枫湖、松柏山等当地水库进行水量调节。一期工程设计水平年为 2020 年，总调水量 5.50 亿 m^3，其中灌区农业灌溉 1.32 亿 m^3，县乡村供水 1.34 亿 m^3，贵阳市供水 2.84 亿 m^3，全部利用灌溉渠道输水。总调水量约占平寨水库坝址径流量（18.57 亿 m^3）的 29.6%。贵阳市供水和县乡村人畜供水的保证率均为 95%，农业灌溉供水保证率为 80%。

一期工程总体布局：由调水水源工程、输水工程及灌区、贵阳市供水一期工程组成。主要建设工程项目包括新建平寨水库，渠首电站，总干渠、桂松干渠和 25 条支渠，2 座干线泵站和 5 座支渠泵站，沿线渠交叉建筑物；扩建革寨水库；疏浚麻线河、南明河。总干渠长 63.9km，从平寨水库左岸渠首电站尾水池取水，沿河下行 9km 至白鸡坡，通过渡槽跨越到三岔河右岸，自流输水进入桂家湖水库，沿途向六枝、普定、关岭等县城和部分灌区（农田、人畜、乡镇）供水；经桂家湖水库调蓄后，由 49.177km 桂松干渠前段渠道自流输水到革寨 1 号泵站，提水 23m 注入革寨水库，调蓄后再由 2 号泵站提水 25m 出库，通过 31.475km 桂松干渠后段进入凯掌水库，沿途向平坝县城和灌区供水。给贵阳市的引水一部分在桂松干渠麻杆寨断面 75＋670 处进入麻线河，流进红枫湖；另一部分从凯掌水库出库后沿南明河支流进入松柏山水库，经当地花溪和阿哈水库调蓄后向贵阳市供水。

4.1.2　黔中长藤结瓜水库群

黔中水利枢纽一期工程涉及的水库群具有我国南方丘陵山区一种常见的灌溉系统的特征——长藤结瓜式。主要特征为：①输水线距离长，依据山势地形蜿蜒而行，且由干线分出若干支线，犹如长藤分出枝蔓；②一座座水库依次"长"在输水干渠和支渠上，形如长藤结瓜；③在水库调节和供水方面，干渠上的水库依次对外调水进行反调节，影响或控制范围宽，蓄放水时间上也有一定差异；支渠上的水库也对外调水进行反调节，但只向局部地区供水。

黔中长藤结瓜水库群系统包含的水库有平寨、高寨、革寨、红枫湖等 13 个水库之多，各水库之间通过总干渠和桂松干渠以及太落支渠、小鹅支渠、东大支渠等几大支渠连接，其中红枫湖水库通过天然河道麻线河与桂松干渠的麻线河分水口连接。在长藤结瓜水库群系统中，水库之间的关系并非单纯的串联关系或者并联关系，各库之间的联系紧密，关系复杂。其中，平寨水库与桂家湖水库通过总干渠连接，中间通过干渠的太落分水口分出一部分水到高寨水库；该部分水量由高寨水库自行调蓄，保障其供水范围内的有效供水；调水经过桂家湖水库；该水库担任调水中间过程的调蓄任务，保障足够的水量下放到桂松干渠；桂松干渠依次串联革寨水库、凯掌水库和松柏山水库，调水经过革寨水库再次进行调蓄，调丰补枯；经凯掌水库和松柏山水库调节后供给下游的花溪水库；花溪和阿哈水库担任的是给贵阳市供水的任务；贵阳市还有一部分供水来源是经麻线河分水口分水给红枫湖水库，再由红枫湖水库供给的。

1. 平寨水库

平寨水库是黔中水利枢纽一期工程为了调水而新建的水源工程。其坝址位于三岔河中游六枝与织金交界的平寨河段，行政上属于六枝的牛场乡和织金的鸡场乡，距六枝县城约 45km，距贵阳市约 200km，距河口 159km。坝址以上集水面积为 3492km²，占三岔河总集水面积的 48.1%。水库校核洪水位 1333.52m，总库容 10.89 亿 m³；正常蓄水位 1331.00m，相应库容 10.34 亿 m³；死水位为 1305.00m，死库容 5.86 亿 m³；调节库容 4.48 亿 m³，库容系数 0.241。平寨水库为大（1）型水库，具有年调节能力。该水库任务是以灌溉和城市供水为主、兼顾发电等综合利用。大坝枢纽以集中右岸布置为主、左岸布置为辅的方案。河床布置混凝土面板堆石坝；右岸分别布置发电引水隧洞及平寨电站、放空洞、溢洪道；灌溉取水口及取水隧洞布置在左岸，在隧洞末端设有渠首电站，其尾水渠接总干渠，利用灌区引水发电。平寨电站装机 136MW，渠首电站装机 4.2MW。水库不同频率入库水量见表 4.1。

2. 普定水库

普定水库位于三岔河的中游，贵州省普定县境内，坝址距贵阳市 131km。坝址以上集水面积 5871km²，占三岔河总集水面积的 80.8%。水库校核洪水位 1147.50m，总库容

表 4.1　　　　　　　　　　　　不同典型年平寨水库入库水量　　　　　　　　　　单位：万 m³

典型年	1月	2月	3月	4月	5月	6月	7月	8月	9月	10月	11月	12月	全年
丰水年	2054	3097	5276	12131	10848	49248	52229	43926	16096	18026	8942	4794	226667
平水年	2475	2194	1320	1096	5410	45101	57050	32141	17911	20784	12571	5330	203383
枯水年	8357	6967	4634	4769	14102	16357	31779	16058	34933	17475	12112	5465	173008
特枯水年	1931	2257	2759	1610	2636	24494	21749	11169	11275	13794	4821	3375	101870
多年平均	3265	3126	2712	4002	11498	33925	41493	28349	25720	18588	8377	4706	185761

4.21 亿 m³；正常蓄水位 1145.00m，相应库容 3.48 亿 m³；防洪限制水位 1142.00m；死水位为 1126.00m，死库容 1.00 亿 m³，调节库容 2.48 亿 m³。普定水库为大（2）型水库，具有年调节能力。根据《乌江普定水电站初步设计报告》，普定水库的任务以发电为主，兼有供水、灌溉及旅游等综合效益。电站装机容量 3×25MW，正常高水位下满发发电流量 180m³/s。1998 年电站增容，装机容量为 3×28MW，主要满足普定、织金等地区用电，还可增加下游东风、乌江渡等电站保证出力约 40MW。电站枢纽由高 75m 的碾压混凝土拱坝、坝顶表孔溢洪道、右岸发电引水系统、河岸式地面厂房和厂后升压开关站以及厂交通洞等主体建筑物组成。普定水库于 1960 年开工建设，次年缓建，1989 年复工，同年 12 月 15 日顺利完成截流，水电站第 1 台机组于 1994 年 6 月并网发电，1995 年 3 月电站工程完建。

3. 引子渡水库

引子渡水库坝址位于三岔河的下游贵州省平坝县与织金县交界处，距贵阳市 97km，距上游普定水库坝址 51km。坝址以上集水面积 6422km²，占三岔河总集水面积的 88.4%。水库校核洪水位 1091.09m，总库容 5.31 亿 m³；正常蓄水位 1086.00m，相应库容 4.55 亿 m³；死水位为 1052.00m，死库容 1.33 亿 m³，调节库容 3.22 亿 m³。引子渡水库为大（2）型水库，具有年调节能力；水库的任务以发电为主，兼顾供水。坝后电站装机容量 3×120MW，电站枢纽由高 129.5m 的混凝土面板堆石坝、左岸溢道道、发电引水隧洞、厂房等主体建筑物组成，于 2000 年 11 月 8 日主体工程正式开工建设，2001 年 11 月 6 日顺利完成截流，水电站第 1 台机组于 2003 年 5 月 22 日发电，2004 年 6 月电站工程完建。

4. 桂家湖水库

桂家湖水库在镇宁县丁旗镇境内桂家河上，坝址位于桂松干渠的首部，是连接总干渠和桂松干渠的首个反调节水库，也是干渠上最大的反调节水库。该水库于 2001 年已完成除险加固工作，现运行良好。桂家湖水库坝址以上集水面积 94.7km²。水库校核洪水位 1272.80m，总库容 2850 万 m³；正常蓄水位 1271.50m，相应库容 2560 万 m³；死水位 1259.00m，死库容 500 万 m³；调节库容 2060 万 m³。桂家湖水库为中型水库，具有多年调节能力；水库的任务以供水为主，兼顾周边灌溉。水库主坝为黏土斜墙堆石坝，有 6 座副坝，坝顶高程 1273.60m，溢洪道为设闸控制，堰顶高程 1268.00m，该水库与革寨水库联合调度可调节干渠流量 4.0m³/s。

5. 高寨水库

高寨水库是革花支渠上的一座反调节水库。水库控制关岭县城、3个乡镇、8.32万亩灌区的供水。该库于2005年开始兴建,2007年建成运行。高寨水库位于关岭县关索镇境内郎岱河上,坝址以上集水面积121km²。水库原校核洪水位1186.25m,总库容97.4万m³;正常蓄水位1183.00m,相应库容56.5万m³;死水位1177.30m,死库容14.3万m³;调节库容42.2万m³。高寨水库为小(2)型水库,具有周调节能力;水库的任务以供水为主,兼顾周边灌溉。大坝为砌石重力坝,坝高22.5m。

根据《初步设计报告》,最终推荐高寨水库正常蓄水位加高3m方案。高寨水库加高后的校核洪水位1189.17m,总库容158万m³;正常蓄水位1186.00m,相应库容93.5万m³;死水位1182.50m,死库容29.5万m³;调节库容64万m³。加高后的高寨水库为小(1)型水库,具有周调节能力。

6. 鹅项水库

鹅项水库为小鹅支渠上的一座反调节水库。水库在安顺市西秀区旧州镇境内邢江河的支流上,坝址以上集水面积29.7km²。水库校核洪水位1303.60m,总库容619万m³;正常蓄水位1299.70m,相应库容278万m³;死水位1292.70m,死库容20.0万m³;调节库容258万m³。鹅项水库为小(1)型水库,季调节;水库的任务为灌溉。鹅项水库于2004年进行了除险加固,工程运行正常。

7. 革寨水库

革寨水库位于桂松干渠的中部,是干渠第二座反调节水库。该水库位于安顺市西秀区东屯乡格凸河上,坝址以上集水面积58.1km²。水库原校核洪水位1262.54m,总库容463万m³;正常蓄水位1260.8m,正常蓄水位以下库容311万m³;死水位1255.2m,死库容21.0万m³;调节库容290万m³。革寨水库为小(1)型水库,具有季调节能力;水库的任务为灌溉和乡镇供水。

为了增加革寨水库的反调节能力,根据《初步设计报告》,需对革寨水库的溢洪道进行改造。通过在溢洪道设闸抬高正常蓄水位1.2m,即正常蓄水位由原来的1260.80m抬高到1262.00m,溢洪道堰顶高程改为1260.20m(较原堰顶高程降低0.6m),设计布置将原开敞式溢洪道改造为6m×6m的设闸溢洪道,闸门高1.8m,中间设5个1.5m厚的闸墩,溢洪道上设交通桥与两岸坝体相接,同时设置工作桥便于闸门的启闭,闸墩、交通均为C20钢筋混凝土结构。对原溢洪道溢流面进行改造,拆除原溢流面混凝土,并浇筑C25钢筋混凝土,在新老混凝土面上设插筋。溢流堰控制端两边设置挡墙,以保护两岸坝坡及岸边,对原坝面进行适当整治,种植草皮进行护坡保护;同时在靠右的溢流段采用C15混凝土填筑至坝顶高程,上游设置防浪墙。设闸改造后,革寨水库校核洪水位1263.42m,总库容560万m³;正常蓄水位1262.00m,正常蓄水位以下库容421万m³;死水位1256.00m,死库容42.0万m³,调节库容379万m³,具有季调节能力。目前革寨水库的设闸改造工程已基本完成。

8. 大洼冲水库

大洼冲水库为连接东大支渠与大平支渠的中间反调节水库。该水库位于安顺市西秀区刘官乡境内，坝址以上集水面积 2.51km²。大洼冲水库于 2009 年完成除险加固改造，改造后水库总库容 304.5 万 m³；正常蓄水位 1283.00m，正常蓄水位以下库容 251 万 m³；死水位 1272.00m，死库容 13.0 万 m³；调节库容 238 万 m³。大洼冲水库为小（1）型水库，具有多年调节能力；水库的任务为灌溉。

9. 凯掌水库

凯掌水库位于桂松干渠的末端，是干渠最后一座结瓜水库。该水库位于平坝县马场镇，坝址以上集水面积 8.8km²。水库校核洪水位 1256.84m，总库容 382 万 m³；正常蓄水位 1255.31m，正常蓄水位以下库容 284 万 m³；死水位 1249.99m，死库容 63.0 万 m³；调节库容 221 万 m³。凯掌水库为小（1）型水库，多年调节；水库的任务为灌溉。

10. 松柏山水库

松柏山水库位于南明河上游，是南明河干流第一梯级。1958 年做过设计，1975 年 6 月完成初步设计，同年 10 月动工，1980 年 7 月建成蓄水，1987 年 10 月工程通过竣工验收投入正常运用。1997 年 1 月，水库续建配套工程开工，灌浆工程施工单位仍为贵州省水利水电基本建设工程处，乱冲副坝及渠道配套改造工程施工由贵州省松柏山水库管理处自行负责。1998 年 10 月，左坝肩补强灌浆、左岸防渗处理及乱冲副坝工程完工，1999 年 1 月通过验收。1999 年 7 月 28 日，水库开始进行除险加固处理。2002 年 8 月水库除险加固工程全部完工，2004 年 12 月通过竣工验收。

松柏山水库坝址以上集水面积 139km²，多年平均流量 2.31m³/s。水库校核洪水位 1180.00m，总库容 0.476 亿 m³；正常蓄水位 1179.00m，正常蓄水位以下库容 0.446 亿 m³；死水位 1162.40m，死库容 0.122 亿 m³；调节库容 0.324 亿 m³。松柏山水库为中型水库，具有不完全多年调节能力。水库设防洪限制水位，主汛期 5—7 月为 1176m，后汛期 8—9 月为 1178m。水电站装机容量 1MW。该库的任务以灌溉、供水为主，兼有发电、城市防洪、补充下游生态用水等多种功能。

11. 花溪水库

花溪水库位于南明河上游，是南明河干流第二梯级，1960 年 6 月初步建成蓄水，1962 年 6 月完工，1988 年完成洪水安全复核。

该库坝址以上集水面积 315km²（含松柏山水库集水面积），水库原总库容 0.263 亿 m³；正常蓄水位 1137.90m，正常蓄水位以下库容 0.20 亿 m³；死水位 1119.80m，死库容 0.03 亿 m³，调节库容 0.17 亿 m³；具有年调节能力。目前该水库加高扩建已通过验收，加高后水库校核洪水位 1145.00m，总库容 0.314 亿 m³；正常蓄水位为 1145.00m，正常蓄水位以下库容 0.314 亿 m³；死水位 1119.80m，死库容 0.03 亿 m³，调节库容 0.284 亿 m³，具有年调节能力。水库设防洪限制水位 1137.90m，汛限时间 5—8 月。水电站装机容量 3.1MW。花溪水库具有城市防洪、供水、发电等综合效益。

12. 阿哈水库

阿哈水库位于贵阳市南明河的支流小车河上，1958 年 4 月完成初步设计，同年 8 月动工，1960 年 6 月一期工程竣工，二期工程至今未实施，1996 年进行大坝安全鉴定。坝址以上集水面积 190km²，多年平均流量 3.15m³/s。水库校核洪水位 1113.65m，总库容

0.730 亿 m³；正常蓄水位 1110.00m，正常蓄水位以下库容 0.542 亿 m³；死水位 1090.00m，死库容 0.027 亿 m³；调节库容 0.515 亿 m³；水库调节性能为不完全多年调节。水库设防洪限制水位，主汛期 5—7 月为 1108.00m，后汛期 8—9 月为 1110.00m。阿哈水库具有城市防洪、供水等综合效益。

13. 红枫湖水库

红枫湖水库位于清镇和平坝境内，坝址位于清镇市红枫湖镇的猫跳河上游，于 1960 年建成并投入运行，是猫跳河梯级水电站的第一级，坝址集水面积 1596km²，多年平均年径流量 8.8 亿 m³，近年来受上游气候、下垫面、水土流失、上游用水等影响，来水量逐年减少，近 15 年平均年径流约 8.5 亿 m³。水库校核水位 1242.58m，总库容 7.53 亿 m³；正常蓄水位 1240.00m，相应库容 5.90 亿 m³；防洪限制水位 1236.00m，相应库容 4.03 亿 m³；死水位 1227.50m，死库容 1.59 亿 m³；兴利库容 4.31 亿 m³；红枫湖为大（2）型水库，具有不完全多年调节能力。正常蓄水位时水库水面面积 57.2km²，是贵州省最大的人工湖。随着经济社会的发展，水库功能逐渐转变，目前实际功能是以城市供水、发电、旅游为主，兼有防洪、灌溉、养殖、调节生态等多项功能。大坝为木斜墙防渗重力堆石坝，最大坝高 54.3m，左岸岸边溢洪道，水电站装机容量 24MW。红枫湖分南湖、中湖、北湖和后湖，景区面积 240km²，192 个岛屿和半岛星罗棋布，湖湾湖汊纵横交错，深秋时节枫叶似火，民族风情独具特色，湖、岛、山、洞巧妙结合，"山中有湖、湖中有岛、岛中有洞、洞中有水"，是国家级风景名胜区。

红枫湖坝址以上流域涉及贵阳的清镇市、花溪区，安顺市的西秀区、平坝县及黔南州的长顺县等五个市（区、县）的 20 余个乡镇。2007 年坝址以上流域内总人口 75.55 万人（其中城镇人口 14.04 万人、农村人口 61.51 万人），大牲畜 20.5 万头，小牲畜 51.26 万头；流域内工业增加值 17.77 亿元，建筑业增加值 2.99 亿元，第三产业增加值 7.87 亿元。2007 年红枫湖水库上游流域内耕地面积 58.38 万亩，其中水田 41.71 万亩，水浇地 16.67 万亩；有效灌溉面积 20.13 万亩，其中水田 17.67 万亩，水浇地 2.45 万亩，农业人口人均有效灌面积 0.33 亩。据有关部门预测，至 2020 年坝址以上流域内总人口 80.79 万人（其中城镇人口 24.72 万人、农村人口 56.07 万人），大牲畜 28.39 万头，小牲畜 56.41 万头；流域内工业增加值 81.78 亿元，建筑业增加值 13.67 亿元，第三产业增加值 30.74 亿元；预测 2020 年有效灌溉面积达 37.74 万亩（其中田 30.27 万亩，水浇地 7.47 万亩），较现状年新增 17.62 万亩。

针对红枫湖水位，有关部门进行了多次专题研究。贵阳西郊水厂取水高程为 1229.30m，高于红枫湖死水位 1227.50m，若按死水位调度运行，无法保证西郊水厂取水。红枫湖作为贵阳市区应急水源，必须保证有一定的安全应急水量。红枫湖水库的利用原则是"充分利用水资源、确保城市供水"，综合各方面因素，建议最低运行控制为 1230.00m。经复核，预测红枫湖流域内新增耗水量为 7600 万 m³，红枫湖周边各行业将减少耗水量 1753 万 m³。2020 年最低控制水位为 1230.00m，对应库容为 2.12 亿 m³，红枫湖的可供水量为 20851 万 m³/a。红枫湖来水量过程见表 4.2。

本书黔中水库群多用途优化调度采用的来水系列与黔中水利枢纽工程初步设计采用的相同，均为 1968—2007 年。

各水库和水电站的基本信息见表 4.3 和表 4.4。

表 4.2　　　　　　　　　不同典型年红枫湖水库入库水量　　　　　　单位：万 m³

典型年	1月	2月	3月	4月	5月	6月	7月	8月	9月	10月	11月	12月	全年
丰水年	1334	1315	1811	2274	7470	38473	18765	21893	7221	5959	3487	2566	112568
平水年	1580	1288	753	680	3126	31056	21960	5282	5309	7146	4502	2068	84750
枯水年	2030	1331	916	986	10686	36250	5803	1712	1786	2553	1566	1311	66930
特枯水年	1141	1079	1077	287	316	10135	4751	5780	8957	3142	2261	1495	40421
多年平均	1630	1485	1216	1990	8538	20923	19012	11406	9029	6229	3419	2017	86894

表 4.3　　　　　　　　　　　　　长藤结瓜水库群基本信息

水库名称	规模	行政区域	主要任务	集雨面积/km²	多年平均径流量/万 m³	正常水位/m	死水位/m	总库容/万 m³	调节库容/万 m³	调节性能
平寨	大(1)型	山格镇平寨村	供水灌溉	3492	185759	1331.00	1305.00	108900	44800	年调节
普定	大(2)型	普定县	发电	5871	—	1145.00	1126.00	42100	24800	年调节
引子渡	大(2)型	平坝县	发电	6422	—	1086.00	1052.00	53100	32200	年调节
桂家湖	中型	镇宁县丁旗镇	供水	94.7	4618	1271.50	1259.00	2850	2060	多年调节
高寨	小(1)型	关岭县关索镇	供水	121	8289	1186.00	1182.50	158	64	周调节
鹅项	小(1)型	西秀区旧州镇	灌溉	29.7	1887	1299.70	1292.70	619	258	季调节
革寨	小(1)型	西秀区东屯乡	供水灌溉	58.1	4297	1262.00	1256.00	560	379	季调节
大洼冲	小(1)型	西秀区刘官乡	灌溉	2.51	147	1283.00	1272.00	305	238	多年调节
凯掌	小(1)型	平坝县马场镇	灌溉	8.8	504	1255.31	1249.99	382	221	多年调节
松柏山	中型	贵阳市	供水灌溉	139	7430	1179.00	1162.40	4760	3240	不完全多年调节
花溪	中型	贵阳市	防洪供水发电	315	16837	1145.00	1119.80	3140	2840	年调节
阿哈	中型	贵阳市	防洪供水	190	10157	1110.00	1090.00	7300	5150	不完全多年调节
红枫湖	大(2)型	贵阳市	供水发电	1596	86896	1240.00	1227.50	75300	43100	不完全多年调节
合计	—							299474	159350	—

表 4.4　　　　　　　　　　　　　水 电 站 群 基 本 信 息

水电站名称	装机容量/MW	设计保证出力/MW	出力系数	平均水头/m	平均尾水位/m	水头损失/m	设计年发电量/(万 kW·h)
平寨	136	19.3	8.5	131.2	1189.10	2.5	35480
普定	84	15.4	8.5	45.5	1050.30	2.0	34000
引子渡	360	46.5	8.5	102.0	974.80	2.0	97800
渠首	4.2	1.5	8.3	28.9	1300.00	2.5	1763
松柏山	1.0	0.3	8.0	32.0	1140.60	2.0	390
花溪	3.1	1.0	8.0	34.6	1102.00	2.0	998
红枫湖	24	3.5	8.0	38.8	1195.00	2.0	4810

4.2　黔中水利枢纽工程设计调度方式与调水量

《初步设计报告》对黔中水利枢纽调出区和受水区的水资源条件、受水区社会经济与生态环境情况及其需水情况、水资源工程布局、水库调节能力、水资源配置及水供需平衡态势等各方面实际情况和重要因素，进行了全面、系统的考虑，对黔中水利枢纽一期工程涉及的各水库调节方式、渠系各部分输水能力、调水方案和供水方案等进行了深入的多方案设计和比选。下面是《初步设计报告》推荐给出的调度方式与调水量方面的主要成果。

4.2.1　设计调度方式

黔中水利枢纽初步设计的水库群调度方式主要包括平寨水库调度方式、灌区调蓄水库调度方式和贵阳供水调节水库调度方式三部分。

1. 平寨水库调度方式

平寨水库以灌溉及城镇供水为主，兼顾发电，不承担下游防洪任务要求。一般年份，水库蓄水期在 5—10 月，供水期为 11 月至次年 4 月。水库开始蓄水至 10 月底前蓄水至正常蓄水位 1331.00m，供水期末 4 月底水库水位降至死水位 1305.00m。

在超过设计保证率 80% 的设计枯水年份，首先保证正常灌溉及城镇供水、再兼顾正常供电要求；在一般年份及丰水年，城镇供水和灌溉供水首先已得到满足，应尽量减少正常供电的破坏程度，以充分利用水力资源，发挥水库的调节能力，获得最好效益。

其中在灌溉设计保证率 80% 至城镇供水保证率 95% 以内设计枯水年份，首先保证城镇正常供水，灌溉用水允许缩减两成，再兼顾电站发电要求；超过城镇供水保证率 95% 的特枯年份，首先保证城镇正常供水，灌溉用水允许缩减两成半，电站允许停机以保证灌溉及城镇供水。

在初步设计采用的 49 年长系列计算中，灌溉供水共破坏 3 年，保证率达 94%；城市及灌区县乡供水量无破坏，保证率达 98%；平寨水库下放生态基流为 6.27m³/s，无破坏。

2. 灌区调蓄水库调度方式

灌区反调节水库采取联合调度的方式，各水库当地河流来水与黔中调水共用，水库本身控制灌溉面积、挖潜灌溉面积及黔中灌溉面积用水联合调度。对受水区各反调节水库，总的调度原则是当地来水先用，灌溉高峰期过后，将水库蓄满。

各个水库所处的具体环境和实际情况不同，给出了不同的调度要求：

桂家湖水库：为了既充分利用兴利库容，又尽量减少调水量，考虑在灌溉高峰期后按设计供水量延长供水 10～15 天，主要是在 9 月。这时平寨水库为后汛期，水量仍较丰富，多调水是基本可行的。从水库水位来看，在主灌溉期某一时段可消落到死水位，大部分年份 10—12 月和主灌溉期前的库水位比较高，甚至为正常蓄水位。对于枯水年 10—12 月，初步设计按全库满、1/3 库满及 1/2 库满来进行了调度比较，最终确定采用满库水位运行。

高寨、鹅项、革寨、大洼冲等水库：要求充分利用兴利库容，增加复蓄次数，提高供水能力。

黔中灌溉调水过程经反调节水库调节后，可增加其供水量 2600 万 m³，此部分水量即为水库调节后的内调水量，即利用供水网络和水库联合调度使受水区内水库河流增加的跨地区供水量。在灌溉需水量保持不变的情况下，增加的这部分内调水量，可相应减少从平寨水库调出的调水量。

3. 贵阳市供水水库调度方式

向贵阳市供水的各水库采取联合调度方式。平寨水库调水量通过两条途径向贵阳市供水，其调节水库和调蓄方式分别为：一部分水量由桂松干渠麻杆寨渡槽前进入麻线河，流入红枫湖水库，经调节后向贵阳市供水；另一部分由凯掌水库经干河调入松柏山和阿哈水库，经调节后向贵阳市供水。即将非均匀的调入水量过程与各库当地河流来水一同调节为均匀的供水过程。调度中应尽量先用当地来水。汛初红枫湖水位不能太高，应遵守水库汛限水位约束。

据《初步设计报告》，多年平均调入红枫湖的水量为 18810 万 m³，水库供出水量为16755 亿 m³；多年平均调入松柏山、阿哈水库的水量为 3849 万 m³，水库供出水量为3255 万 m³。

4.2.2 设计调水方案

调水方案主要包括总调水量和干渠节点调水量两部分。

1. 总调水量

初步设计阶段一期工程总调水量 5.50 亿 m³，其中灌区农业灌溉供水 1.32 亿 m³，县乡村供水 1.34 亿 m³，贵阳市供水 2.84 亿 m³。黔中水利枢纽一期初步设计调水成果见表4.5。表中供水量为利用平寨水库调水量和各水库当地河流来水量的供水量之和。毛总供

表 4.5　　　　　　　　　黔中水利枢纽一期初步设计调水成果

项　　目		单　位	数　值
一、输配水工程	1 调水灌溉面积	万亩	51.17
	1.1 其中　水田/旱地	万亩	18.10/33.07
	1.2 其中　自流/提水	万亩	29.23/21.94
	1.3 其中　新增/改善	万亩	45.83/5.34
	2 人饮数/牲畜数	万人/万头	34.99/31.52
	3 渠首电站装机/电量	MW/(万 kW·h)	4.2/1763
	4 总供水量（净/毛）	万 m³/a	40098/57641
	4.1 灌区供水量（净/毛）	万 m³/a	20484/29250
	4.1.1 灌溉供水量（净/毛）	万 m³/a	9825/15847
	4.1.2 县城供水（净/毛）	万 m³/a	4464/5075
	4.1.3 乡镇供水（净/毛）	万 m³/a	4375/5990
	4.1.4 人畜饮水量（净/毛）	万 m³/a	1820/2338
	4.2 贵阳渠道供水（净/毛）	万 m³/a	19614/28391
	5 串联水库增加灌区供水（净/毛）	万 m³/a	1612/2600
	6 总调水量（净/毛）	万 m³/a	38486/55041
	6.1 灌区总调水量（净/毛）	万 m³/a	18872/26650
	6.2 贵阳河道调水量（净/毛）	万 m³/a	19614/28391
二、总供/调水量	1 总供水量之和（净/毛）	万 m³/a	40098/57641
	2 总调水量之和（净/毛）	万 m³/a	38486/55041

水量与毛总调水量之差（为 2600 万 m³）是通过受水区水库的联合调度后的当地河流来水的毛供水量，可以相应减少平寨水库调水量。从表 4.5 可知，黔中水利枢纽一期工程总调水量的净水量与毛水量之比为 0.6992，近似取调水输水系统的综合有效系数 0.7。

2. 干渠节点调水量

初步设计阶段按干渠（明渠、隧洞、渡槽和倒虹管）的组成进一步复核了干渠各节点分水口的水量。根据"长许可〔2009〕57 号"批复，黔中水利枢纽一期工程总干渠渠首调水量为 5.50 亿 m³，干渠主要节点调水量详见表 4.6，输水干渠水量调配情况见附图 1。

表 4.6　　　　　　　　　　初步设计干渠节点调水量　　　　　　　　　单位：万 m³

主要节点	总干渠首	总干渠尾	桂松渠首	革寨 1 号泵站	革寨 2 号泵站	麻线河分水闸	桂松渠尾
总调水量	55041	35980	37590	30504	30758	4166	3939
净调水量	41799	27777	29387	26972	27711	4001	3939
渠道损失量	13242	8203	8203	3532	3047	165	—

4.2.3　黔中长藤结瓜水库群设计调水量

根据《初步设计报告》，黔中水利枢纽一期工程在平寨水库处的总调水量为 5.50 亿 m³。由平寨水库调出后，先后经过总干渠、桂松干渠及各支渠到达各结瓜水库。

平寨水库调水量进入和调出长藤结瓜水库群各库的情况见表 4.7。

表 4.7　　　　　　　　　　长藤结瓜水库群各库的设计调水量成果　　　　　　　　　单位：万 m³

水库名称	进水库调水量	出水库调水量	备　注	水库名称	进水库调水量	出水库调水量	备　注
平寨	—	55041		大洼冲	1648	1211	
普定			二期调水通道	凯掌	3939	3899	
引子渡	—	—	二期调水通道	松柏山	3849	3794	
桂家湖	35980	38580		花溪	3794	3733	
高寨	4969	3279		阿哈	754	211	
鹅项	—	—	二期调水通道	红枫湖	18810	16755	
革寨	30019	30758					

前述设计调度方案和各库调节调水量的成果，是《初步设计报告》采用逐个水库调算的方式得出的结果。

本书后面介绍的优化调度案例采用与《初步设计报告》基本相同的调度原则（具体见4.3 节），将会根据各个水库当地河流的来水量过程和各个计算单元各种用水量过程以及初步设计确定的渠道网络过水能力约束，按照水库群优化调度目标进行全面的、统一的优化调度，给出最优供水方案（包括对各个计算单元的城市供水、灌区人畜供水和农业供水，各个水电站的发电供水以及各条河道内的生态环境供水），同时给出各个水库或节点的供水量（包括用当地水库来水量和平寨水库调水量的供水量）。由于新建成的输水网络大大增强了受水区各水库与其他水库、其他单元的联系，优化调度使各水库的调节能力和各库当地河流的来水量都得到了充分利用。在每一个优化调度方案中，当地河流的来水量的供水能力都充分发挥作用，供水量都达到最大，因而需要的平寨水库调水量明显比初步设计的要小。例如，推荐的优化调度方案中，平寨水库的多年平均调水量为 4.74 亿 m³，比设计的小 13.82%。由于平寨水库调水量与各库当地河流来水量混合在一起，从桂家湖水库以下各分水口和各水库的供水量、各个水库和输水节点的过水量中就很难分出不同来源的水量是多少，在 6.7 节中只给出总量。

4.3　黔中水库群综合利用优化调度的任务与要求

4.3.1　优化调度的任务

黔中水库群优化调度是一个涉及多地区、多用水部门、多目标的复杂决策问题。《初步设计报告》中对该水库群调度问题进行了前期研究，确定了工程规模，拟定了水库群调度的总体原则和方向。这些研究成果以历史水文过程和规划水平年的供需平衡分析成果为基础，体现了多年平均的概念，是确定黔中调水规模的基本依据。但在实际调度中，由于受来水和需水不确定性的影响，若以规划成果来指导黔中调度，难以实现调度过程的动态决策和水资源的优化配置。研究如何协调各计算单元、各用水行业间水资源供求关系，如何进行科学、合理、高效的水库群优化调度，是充分发挥黔中水利枢纽一期工程经济效益、社会效益和生态环境效益的重要支撑，也是决定黔中水利规划目标能否实现的关键所在。

黔中水库群的总体调度任务是进行外调水与当地水库来水的联合优化调度，提高供水保证率和水资源综合利用效益（包括供水与发电效益等）。

4.3.2　优化调度的原则

根据黔中水库群的总体调度任务与要求，针对优化调度案例制定了以下具体调度原则：

1. 优先利用当地水库来水，科学调配平寨水库调水

充分利用平寨水库和当地水库的调蓄能力以及渠道网络的过水能力，优先利用当地水库来水尽最大能力供水。如果供水对象用不完、水库也蓄不了，只要能够通过输水网络输送到其他用水单元，就向其他单元供水。根据系统中各水库来水量起伏过程和各单元需水量变化过程及网络输送能力，进行充分的协调和匹配，尽量增加水库调蓄次数和调节水量，提高供水保证率、减少弃水量和平寨水库调水量、增加发电量。

2. 遵守水库设计调度规则

单库和库群优化调度均在设计原则允许的范围内进行。水库蓄水量在非汛期不能超过水库正常库容，汛期不能超过防洪汛限库容；如无特殊情况，水库蓄水量不能低于死库容。水库防洪调度过程主要体现在中短期调度，该研究属于中长期调度。调度时遵循水库与防洪调度有关的各种水位约束（或库容约束）。黔中水库群主要水库下游没有专门的防洪任务，汛期没有明确的最大下泄流量限制。其中，平寨水库的防洪起调水位为正常蓄水位，当水库未蓄至正常蓄水位时，来水在满足总干渠取水与河道下游生态环境用水要求的前提下，余量主要充蓄水库；水库蓄满后，当来水量小于或等于水库正常蓄水位相应的泄流能力时，通过溢洪道弃水，水库水位维持在正常蓄水位；当来水量大于水库正常蓄水位相应的泄流能力时，泄洪洞闸门逐渐全部打开，水库处于敞泄状态；洪水过后，当水位自

由消落至正常蓄水位后，逐步控制下泄水量使水库回蓄至正常蓄水位运行。

3. 兴利调度原则

在满足河道内生态环境基本需水量要求的前提下，优先满足城乡供水和灌区人畜用水，再满足灌溉等用水要求，然后尽量一水多用和减少弃水，增加发电量及河道内生态环境供水量。在生态用水调度方面，目前黔中各条河流没有需要特别保护的水生和滨河动植物。根据国家规定，河道内流量不低于多年平均流量的 10% 即符合最低要求。该优化调度，则是在满足此最低要求的基础上，通过多情景分析，选出和推荐既不明显降低供水和发电所产生的经济效益，又能够通过合理调配利用弃水量（包括当地水库和平寨水库的弃水量），在国家标准的基础上进一步提高生态环境效益的情景。

4.3.3　优化调度的水平年与保证率

为了使水库群优化调度的成果符合黔中水利枢纽工程规划设计阶段的需要，研究采用的基础资料、来水系列、水平年、各行业供水保证率、典型年等与《初步设计报告》保持一致。

1. 水平年

水库群优化调度采用的水平年为 2020 年，与黔中水利枢纽一期工程投运水平年相同。

2. 保证率

水库群优化调度采用的保证率分别为：城镇需水以及灌区人畜需水的保证率为 95%；灌溉需水的保证率为 80%；河道内基本生态需水量的保证率为 100%，超过河道内基本生态需水量的部分不做保证率要求，有富余水量就适当多供一些。

3. 水文系列与典型年

采用的水文系列为 1968—2007 年。此案例首先进行水文长系列（1968—2007 年）的优化调度分析，得出长系列的多年平均结果和逐年结果，再选择不同典型来水年份的优化调度结果进行分析。典型年的来水频率分别是：20%、50%、80% 和 95%，依次代表丰水年、平水年、枯水年和特枯水年。红枫湖水库的集水区域与受水区范围基本一致，水库群调度的各频率年的选取统一以红枫湖水库的入库水量系列为准。

4.4　黔中水库群系统概化及网络图

根据长藤结瓜水库群系统各调水渠道的供水方向、河流水系以及水库、水电站、河流、渠道等元素的相互关系，对长藤结瓜水库群系统进行概化，实现以水库群系统概化网络图反映研究区水资源、社会经济、生态环境等子系统之间逻辑关系的目标。

经过概化，长藤结瓜水库群系统包括以下要素：水库 13 座、水电站 7 座、节点 18 个、计算单元 9 个、地表水渠道 7 条、调水渠道 34 条、河段 34 段。通过输水干渠、支渠串联各水库并向下游的贵阳市及灌区 8 个计算单元供水。13 座水库中，平寨水库为调水水源水库，普定、引子渡水库是平寨下游的梯级水库，这 3 梯级合称为调出梯级；其余水库均为当地水库。当地水库中，桂家湖、革寨、高寨、大洼冲、凯掌水库是干支渠上的反调节水库，松柏山、花溪、阿哈、红枫湖水库是贵阳市周边供水水库。

根据黔中水利枢纽一期工程的灌区划分，将研究区相应划分为 8 个计算单元，再加上贵阳市共 9 个计算单元。除贵阳市计算单元以城市命名外，8 个灌区计算单元均以主要受水乡镇名称的第一个字组合成名。一般灌区计算单元受水范围除主要受水乡镇外，还包括其他乡镇的一部分。这是由于黔中地区地形复杂乡镇行政范围和灌区范围都很不规整。黔中水利枢纽工程规划及此案例是尽量把各乡镇实际供水联系比较密切的部分地区划归于同一计算单元，比较偏远的与其他单元近的地区划归相应单元，具体详见表 4.8。各单元涉及的乡镇分布情况见表 4.9。

表 4.8　　　　　　　　　　　　　　计 算 单 元 划 分

水资源二级区	水资源三级区	地级行政区	计算单元	计算单元标识
长江乌江	思南以上	贵阳	贵阳	GY
长江乌江	思南以上	六盘水	梭岩龙	SYL
长江乌江	思南以上	安顺	化普马	HPM
长江乌江	思南以上	安顺	普马沙	PMS
珠江南北盘江	北盘江	六盘水	木丁落	MDL
珠江南北盘江	北盘江	安顺	坡顶花	PDH
珠江红柳河	红水河	安顺	新双杨	XSY
珠江红柳河	红水河	安顺	黄高羊	HGY
珠江红柳河	红水河	黔南州	马广凯	MGK

表 4.9　　　　　　　　　　　　　　计算单元主要涉及的地区

序号	单元	主要乡镇	所属县区	城镇供水①	人畜及灌溉供水①
1	贵阳市	—	—	贵阳市	
2	梭岩龙	梭嘎、岩脚、龙场	六枝、普定	六枝、岩脚、龙场	牛场、新场、梭嘎、新华、岩脚、龙场、平寨、马场
3	化普马	化处、普定、马官	普定	普定、普定、马场、化处、马官	龙场、化处、城关、马官
4	普马沙	普贡、马场、沙坝	平坝		
5	木丁落	木岗、丁旗、落别	六枝/镇宁	镇宁、落别、木岗、扁担、丁旗、大山	落别、木岗、扁担、黄果树、丁旗、城关、大山、龙宫
6	坡顶花	坡贡、顶云、花江	关岭	关岭、坡贡、顶云、上关、花江	坡贡、关索、顶云、上关、花江
7	新双杨	新场、双堡、杨武	西秀	新场、鸡场、双堡、杨武、东屯	新场、宁谷、鸡场、双堡、杨武、东屯
8	黄高羊	黄腊、高峰、羊昌	平坝/西秀	平坝、刘官、黄腊、羊昌、高峰、白云、夏云	刘官、黄腊、羊昌、高峰、乐平、白云、城关、夏云
9	马广凯	马路、广顺、凯佐	长顺	广顺、马路	广顺、马路

①　城镇供水包括县城供水和乡镇供水。人畜及灌溉供水仅包括向各灌区的人畜饮水和灌溉的供水，不含乡镇供水。

长藤结瓜水库群系统概化网络如图 4.1 所示。

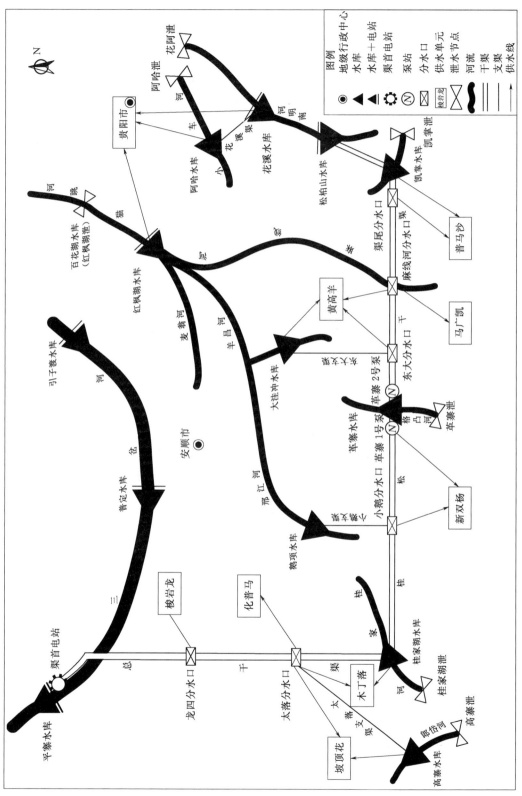

图4.1　黔中长藤结瓜水库群系统概化网络图

黔中水库群优化调度的多用途需求

第 5 章

本章以黔中水利枢纽一期工程的设计水平年（2020 年）为基础，进行了黔中水库群优化调度的社会经济供水需求分析、生态环境供水需求情景研究、发电需求分析和防洪需求分析。

5.1 社会经济供水需求分析

此案例研究主要着眼于黔中水利枢纽的水库群供水量分析。受水区每一座水库都与平寨水库的调水量有直接的水量联系。水库调节的水量来源包括从平寨水库调来的水量和受水区各水库当地入库径流量。受水区各单元社会经济需水量实际上是水资源供需二次平衡后仍然缺少的水量（即单元内进行了供水潜力挖掘、合理抑制需水），这部分水量需通过外调水来解决，包括利用入库径流量和外调水量的供水量。同时为了研究受水区当地水库的调节情况，9 个受水单元中直接由水库向其供水的单元，其需水量是现状水平年水库的供水量与二次平衡分析的缺水量之和；其余单元，在水库群概化网络图中仅由黔中调水干渠的各分水口向其供水，其需水量就是二次平衡分析后的缺水量。

研究区所需外调水量的主要依据是《初步设计报告》中的需水预测成果。《初步设计报告》的需水预测数据是到黔中水利枢纽一期工程受水区的各个乡镇。按照系统网络图的概化逻辑，根据各个单元与各个乡镇的对应关系，按照需水种类进行汇总。为了降低水库群多目标优化调度的模型维数，减少对计算机内存空间的占用和减少工作量，又按照各种需水的重要性或经济效益高低或保证率，进行了再归类，将各种需水归类为农业需水和非农业需水，其中非农业需水包括贵阳市和各县乡镇的城镇需水以及灌区人畜需水，农业需水指农业灌溉需水。

需水分析选择的来水频率及典型年见 4.3.3 节。

2020 水平年研究区多年平均总需水量为 7.90 亿 m³，其中非农业需水量为 6.14 亿 m³（包括城镇生活需水 5.95 亿 m³ 和人畜需水 0.19 亿 m³），农业需水量 1.76 亿 m³（表 5.1）。不同来水频率下各行业需水量的比例见表 5.2。农业需水量和总需水量的年内过程分别如图 5.1 和图 5.2 所示。可以看出，随着来水量的减少，农业需水量逐渐增加，而城镇需水量和灌区的人畜需水量保持不变，从而农业需水量占各行业需水量的比例随来水减少而增大。

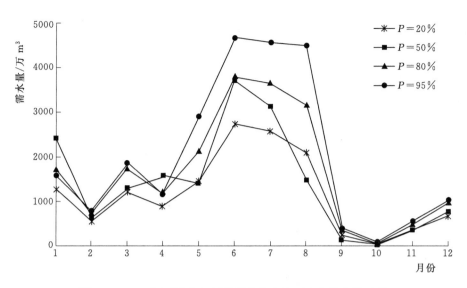

图 5.1　2020 年不同来水频率下的黔中地区农业需水量过程

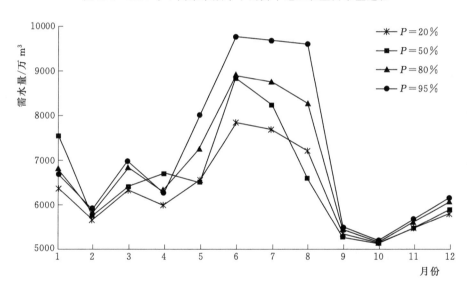

图 5.2　2020 年不同来水频率下的黔中地区总需水量过程

表 5.1　　　　　　　　　　　　**2020 年研究区社会经济需水方案**　　　　　　　　　　单位：万 m³

单元	非农业需水量		农业需水量					总需水量				
	城镇	灌区人畜	20%	50%	80%	95%	多年平均	20%	50%	80%	95%	多年平均
贵阳市	49253	0	0	0	0	0	0	49253	49253	49253	49253	49253
梭岩龙	3343	289	1050	1262	1501	1877	1318	4682	4894	5133	5509	4950
化普马	2986	252	1905	2289	2718	3398	2390	5143	5527	5956	6636	5628
木丁落	2069	293	1059	1270	1505	1882	1326	3421	3632	3867	4244	3688
坡顶花	1121	290	2471	2970	3527	4409	3101	3882	4381	4938	5820	4512

续表

单元	非农业需水量		农业需水量					总需水量				
	城镇	灌区人畜	20%	50%	80%	95%	多年平均	20%	50%	80%	95%	多年平均
新双杨	71	338	2806	3374	4008	4686	3482	3215	3783	4417	5095	3891
黄高羊	571	313	3428	4113	4875	6094	4292	4312	4997	5759	6978	5176
马广凯	64	80	1072	1291	1537	1921	1348	1216	1435	1681	2065	1492
普马沙	17	12	269	323	383	479	337	298	352	412	508	366
合计	59495	1867	14060	16892	20054	24746	17594	75422	78254	81416	86108	78956

表 5.2 　　　　　　　　　　　不同来水频率下各行业需水量的比例　　　　　　　　　　%

单元	丰水年（$P=20\%$）				平水年（$P=50\%$）			
	城镇	灌区人畜	农业	小计	城镇	灌区人畜	农业	小计
贵阳市	100	0	0	100	100	0	0	100
梭岩龙	71.40	6.17	22.43	100	68.31	5.91	25.78	100
化普马	58.06	4.90	37.04	100	54.03	4.56	41.41	100
木丁落	60.48	8.56	30.96	100	56.97	8.07	34.96	100
坡顶花	28.88	7.47	63.65	100	25.59	6.62	67.79	100
新双杨	2.21	10.51	87.28	100	1.88	8.93	89.19	100
黄高羊	13.24	7.26	79.50	100	11.43	6.26	82.31	100
马广凯	5.26	6.58	88.16	100	4.46	5.57	89.97	100
普马沙	5.70	4.03	90.27	100	4.83	3.41	91.76	100
合计	78.88	2.48	18.64	100	76.03	2.39	21.58	100

单元	枯水年（$P=80\%$）				特枯水年（$P=95\%$）			
	城镇	灌区人畜	农业	小计	城镇	灌区人畜	农业	小计
贵阳市	100	0	0	100	100	0	0	100
梭岩龙	65.13	5.63	29.24	100	60.68	5.25	34.07	100
化普马	50.13	4.23	45.64	100	45.00	3.80	51.20	100
木丁落	53.50	7.58	38.92	100	48.75	6.90	44.35	100
坡顶花	22.70	5.87	71.43	100	19.26	4.98	75.76	100
新双杨	1.61	7.65	90.74	100	1.39	6.63	91.98	100
黄高羊	9.91	5.43	84.66	100	8.18	4.49	87.33	100
马广凯	3.81	4.76	91.43	100	3.10	3.87	93.03	100
普马沙	4.13	2.91	92.96	100	3.35	2.36	94.29	100
合计	73.08	2.29	24.63	100	69.09	2.17	28.74	100

5.2 生态环境供水需求研究

针对不同的水库群或水资源系统，生态环境供水需求分析可以采用不同的方法。当水库群或水资源系统有特殊的、重要的生态环境保护需水对象时，可以根据保护对象的位置、规模、生态环境供水量及其过程所产生的生态环境保护效果等分析得出初步的生态环境需水量及其过程，再结合水库群或水资源系统其他方面的用水需求综合得出合理的生态环境需水量及其过程。当水库群或水资源系统没有特殊的、重要的生态环境保护需水对象时，一般可以根据国家生态环境保护的有关规定分析估算生态环境基本需水量及其过程，再结合水库群或水资源系统其他方面的用水需求综合权衡得出合理的生态环境需水量及其过程。黔中水库群下游河段没有特殊的、重要的生态环境保护需水对象，属于后一种情况。

生态环境基本需水量即生态环境所需要的最小水量，是生态环境需水量的下限。河道内生态基流是指为考虑河流生态保护目标要求，维持河流基本形态和基本生态功能，防止河道断流，避免河流水生生物群落遭受到无法恢复的破坏所需要的河道内最小流量。在我国的流域或区域水资源规划中的生态环境需水量通常是指基本需水量，便于流域或区域水资源供需平衡使用。如果来水较多的话，生态环境实际利用的水量可能高于其基本需水量。黔中水利枢纽一期工程同时考虑了河道内生态环境需水量和河道外生态环境需水量。河道内生态环境需水量按照各水库多年平均年径流量的10%计算；河道外生态环境需水量主要指河道外生态环境需要水利工程供给的水量（包括城镇的公共绿地等景观用水量和公共设施用水量以及其他地区河道外生态环境需要水利工程供给的水量）等。经考察了解，黔中地区降水量一般能够满足陆面生态植物的生长需要，除城镇之外其他地区没有特殊的、需要水库群供水的河道外生态环境保护对象及其生态环境需水量；根据《初步设计报告》的需水预测，城区景观生态环境和公共环境设施等的需水量已经纳入城市或者乡镇的需水量中，即在黔中水库群的社会经济需水量中已经包含。因此，在黔中水库群调度中，河道外生态环境需水量不需要单独考虑，仅需考虑河道内生态环境需水量。

为了观察分析不同生态环境需水水平对平寨水库调水量的影响、对研究区社会经济各行业水供需平衡的影响、对水电站发电量的影响以及对水库调度方式的影响等，此案例设置了四套河道内生态环境基本需水量情景，分别是按照河道控制断面多年平均径流量的10%、15%、汛期30%其他月份10%以及汛期20%其他月份12%四种计算方式得到，依次称为生态环境需水量情景1、情景2、情景3和情景4。其中情景4是在前三种情景的基础上综合考虑协调而得来的，将非汛期的生态需水在情景1、情景2的分析下取了较中间的比例，为12%；而汛期为20%，比情景3的汛期基本流量小一些。如此既充分保证了非汛期的生态下泄水量，又保留了汛期流量高峰。

黔中各水库下游河段虽然没有特殊需要保护的生态目标和对象，但是这些河流都是常年性河流，有的径流量还比较大，例如，平寨水库所在的三岔河与红枫湖水库所在的猫跳河，河道内有一些鱼类、底栖类动物以及滨河植物等水生生物需要保护（即使不属于特殊或稀有保护对象），由于建设大坝人为改变了河流的水文情势与丰枯规律，对生物的栖息地以及生活习性的影响依然存在。即依靠水利工程进行调蓄而形成的下游流量过程与天然流量过程的差异性虽然不会造成生物灭绝的情况但依然会导致生物数量的减少或其生存环境变差。因此对于水库调度，在可以承受的代价下，应该尽可能地保持下游河道流量过程与河道内水生生物的需要相符合。"水工程规划设计标准中关键生态指标体系研究与应用"和"全国主要河湖水生态保护与修复规划"等项目研究了我国各大江河的开发与生态安全问题，据其研究成果，对于多数河流常见鱼类，5—8 月一般都是流量敏感期，需要保持的径流量应该大一些。黔中各水库所在的河流缺乏针对其具体水生生物及其保护的专门研究及其需水方面的定量研究成果。在这样的情况下，水库调度的下泄过程应该与天然过程相似，符合越接近自然对生态环境保护越有利的理念。下面借用长江中游水文情势与生态效应的关系为例，说明此理念的内涵。

图 5.3 为宜昌站 2000 年的日流量监测过程及环境水流组分的划分结果，环境水流组分划分为低流量过程、高流量脉冲和洪水过程 3 部分，其中枯水期 12 月至次年 4 月为低流量过程；洪水过程发生在 7—9 月；高流量脉冲发生在洪水过程之前的 5—6 月和洪水过程之后的 10—11 月。

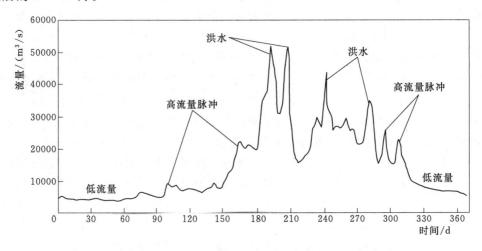

图 5.3　2000 年宜昌水文站的流量过程及环境水流组分

低流量时期，水流流速较慢，水位较低，流态平稳，利于鱼类越冬；5—6 月的高流量脉冲过程，正好是长江中游大部分鱼类繁殖的高峰期。以四大家鱼（草鱼、鲢鱼、鳙鱼、鲤鱼）为例，高流量脉冲的涨水过程是刺激四大家鱼产卵的必要条件。河道流量的增加，会对水体的温度、溶解氧、营养盐等环境指标有一定的影响；水位升高，河宽、水深、水量增加，水生生物的栖息地面积和多样性随之增多；适合的水文、生境条件是大部分鱼类选择春季高流量脉冲期产卵的重要原因。10—11 月的高流量脉冲过程，是秋季产卵鱼类的繁殖期，长江重要濒危鱼类中华鲟的产卵正好发生在这一时期。7—9 月的洪水过程，长江中游水流普遍溢出主河道，流向河漫滩区，促进了主河道与河漫滩区营养物质的交换，形成了浅滩、沙洲等新的栖息地，为一些鱼类的繁殖、仔鱼或幼鱼生长提供了良好的繁育场所。表 5.3 列出了天然水文过程的三种环境水流组分对长江生态系统的生态效应。可以看出，年内的不同流量过程以及特殊的脉冲流量对维持河流生态系统的完整性有着重要的作用。

表 5.3　　　　　　　　三种环境水流组分对长江生态系统的生态效应

流量过程	生态效应
低流量过程（基流）	维持自然河流的水温、溶解氧、水化学成分； 维持洞庭湖和鄱阳湖的适宜水位，为候鸟提供越冬场所； 维持鱼类的越冬和洄游； 维持河口咸水的浓度在一定范围之内
高流量脉冲过程	抑制河口的咸水入侵； 维持自然河道适宜的水温、溶解氧、水化学成分； 刺激春季产卵性鱼类的繁殖； 增加水生生物适宜栖息地的数量和多样性； 利于秋季产卵性鱼类的产卵和孵化
洪水过程	促进主河道与河漫滩区营养物质的交换； 形成浅滩、沙洲、泥坑等新的水生生物栖息地； 增强长江干流与通江湖泊、长江故道的连通性； 为长江沿岸湖泊和故道的"灌江纳苗"提供便利条件； 为漂流性鱼卵漂流、仔鱼生长提供合适的水流条件； 塑造河流的自然形态

此外，水利工程调节了河流的水位，对生物的习性也有一定的影响。三峡水库蓄水前，四大家鱼的主要产卵时间为5—6月，三峡水库蓄水后，随着蓄水位的升高，库区四大家鱼的主要产卵时间逐渐向后推迟；2008年和2009年，库区四大家鱼的主要产卵时间为6月中旬至7月上旬。这一方面说明水库对鱼类生长和繁殖产生了影响，另一方面鱼类有一定的调节改变自身适应新环境的能力。

有关部门在长江监利河段三洲断面对鱼苗数量进行了长期监测，监测结果显示长江中游家鱼鱼苗径流量呈现出逐渐减少的趋势，如图5.4所示。由图可见，自2003年以后，四大家鱼的鱼苗径流量出现了明显的下降。这主要是由于三峡水库的调度对长江中游自然水文情势的改变，影响了四大家鱼的繁殖所必需的涨水过程。

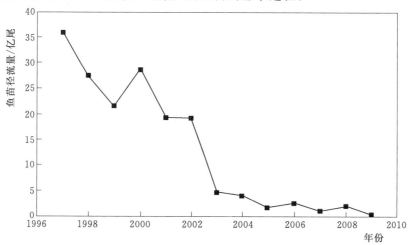

图 5.4　1997—2009年长江中游三洲断面四大家鱼鱼苗径流量

在水库的坝下河段，一些在流水中繁殖的鱼类所要求的涨水条件，则可能因水库调节而得不到满足。多数鱼类的繁殖期在春末夏初，即 4 月下旬至 7 月上旬，如果在这一时期内水库只蓄洪而不溢洪，在坝下河段不出现涨水过程，鱼类就难以繁殖。另外河道水量的调整在很大程度上影响着坝下河道内鱼类的洄游。洄游期间，河道水量的减少会降低河道对鱼类的吸引力，使洄游刺激因此丧失，从而导致洄游鱼类数量的锐减。

从以上案例分析看，河道水量与水位对生态环境均有着不同程度的影响，水生生物的生活与繁殖习性对不同月份有着不同的流量需求，因此对于水库调度来说，为了更好地保护下游生态环境与生物多样性，年内下泄流量应尽量与天然过程相近或相似，这样有利于水生生物的生长和繁殖。这就是此案例为什么设置多套包含不同脉冲流量过程的生态环境需水量情景的原因。对这几种生态需水情景的判断选择主要依据其年内过程与天然流量过程是否接近以及对经济效益的影响大小来进行。

5.2.1　生态环境需水量情景 1

经考察了解，黔中水库群各水库下游河段均没有特殊的生态环境保护对象，没有特别的河道内需水量要求。根据我国水资源综合规划中针对没有特殊生态环境保护对象的一般河流河道内生态环境基本需水量的规定，此案例按照各水库多年平均年流量的 10% 作为情景 1 下各库下游河道内每一时段的生态环境基本需水流量。当来水许可时，河道内实际的生态环境供水量可以大于基本生态流量，以便获得更好的生态效果。研究区各河道内生态环境基本需水量见表 5.4。其中，三岔河平寨水库下游河段内生态环境的年基本需水量为 18576 万 m³，猫跳河红枫湖水库下游河段内生态环境的年基本需水量为 8689.2 万 m³。表 5.4 中 11 座水库下游河道内生态环境总的年基本需水量为 32680.8 万 m³。考虑到在此案例中普定水库和引子渡水库只是按照平寨水库的下泄水量计算发电量，两库的实际调度

表 5.4　水库下游河道内生态环境基本需水量（情景 1）

水库	河系	河流名称	最小生态流量 /(m³/s)		生态环境月需水量 /万 m³		生态环境年需水量 /万 m³
			汛期	非汛期	汛期	非汛期	
平寨	乌江	三岔河	5.890	5.890	1548.0	1548.0	18576.0
鹅项		邢江河	0.060	0.060	15.7	15.7	188.4
大洼冲		羊昌河	0.005	0.005	1.2	1.2	14.4
凯掌		南明河	0.016	0.016	4.2	4.2	50.4
松柏山		南明河	0.236	0.236	61.9	61.9	742.8
花溪		南明河	0.534	0.534	140.3	140.3	1683.6
阿哈		南明河	0.322	0.322	84.6	84.6	1015.2
红枫湖		猫跳河	2.755	2.755	724.1	724.1	8689.2
桂家湖	北盘江	桂家河	0.146	0.146	38.5	38.5	462.0
高寨		郎岱河	0.263	0.263	69.1	69.1	829.2
革寨	红水河	格凸河	0.136	0.136	35.8	35.8	429.6
合计			—	—	2723.4	2723.4	32680.8

由它们承担的任务另行决定,这里就没有计算它们下游的生态环境基本需水量。有了平寨水库下泄的流量(包括河道内生态环境基本流量)和各库区间来水量,其水库调度是能够满足河道内生态环境基本需水量要求的。

5.2.2　生态环境需水量情景2

生态环境需水量情景2考虑将生态环境基本需水量提高至水库多年平均入库径流量的15%,即情景1的1.5倍。在情景2下,河道内生态环境需水量方案见表5.5。其中,三岔河平寨水库下游河段内生态环境的年基本需水量为27864万 m^3,猫跳河红枫湖水库下游河段内生态环境的年基本需水量为13034.4万 m^3。表5.5中11座水库下游河道内生态环境总的年基本需水量为49024.8万 m^3。与情景1同样的道理,没有计算普定水库和引子渡水库下游的生态环境基本需水量。

表5.5　　　　　　　　　水库下游河道内生态环境基本需水量(情景2)

水库	河系	河流名称	最小生态流量 /(m³/s)		生态环境月需水量 /万 m³		生态环境年需水量 /万 m³
			汛期	非汛期	汛期	非汛期	
平寨	乌江	三岔河	8.835	8.835	2322.0	2322.0	27864.0
鹅项		邢江河	0.090	0.090	23.6	23.6	283.2
大洼冲		羊昌河	0.008	0.008	1.8	1.8	21.6
凯掌		南明河	0.024	0.024	6.3	6.3	75.6
松柏山		南明河	0.354	0.354	92.9	92.9	1114.8
花溪		南明河	0.801	0.801	210.5	210.5	2526.0
阿哈		南明河	0.483	0.483	126.9	126.9	1522.8
红枫湖		猫跳河	4.133	4.133	1086.2	1086.2	13034.4
桂家湖	北盘江	桂家河	0.219	0.219	57.8	57.8	693.6
高寨		郎岱河	0.395	0.395	103.7	103.7	1244.4
革寨	红水河	格凸河	0.204	0.204	53.7	53.7	644.4
合计			—	—	4085.4	4085.4	49024.8

5.2.3　生态环境需水量情景3

主要考虑到两大因素:一是一般河流的常见鱼类对于5—7月的流量比较敏感;二是黔中地区汛期为6—8月,流量较大。因此,在生态环境需水量情景3和4中,在6—8月河流生态流量比非汛期提高了。

汛期(6—8月)各河流的流量明显大于非汛期,生活在河道内或滨河区域的某些动植物适应了这种季节性流量、水位的波动,适当保留这种汛期水量脉冲可以增强这些生物的适应性,保障生态系统的多样性。汛期各河流的来水均会增大,除了可满足占多年平均流量10%的基本流量要求外,还有能力适当提高一些,保留一定的流量、水位波动。因此考虑将汛期的生态环境需水供给量增大,以便更好地满足生态环境的需水要求,保护生态环境，促使良性发展。将汛期生态环境流量提高至各水库多年平均流量的 30%，即情景 1 基本生态环境需水量的 3 倍，非汛期的最小生态环境流量同情景 1。然而，汛期是灌溉需水高峰期，加大河道内汛期生态环境基本需水量对灌溉用水或许会产生一定矛盾，因此需要分析汛期生态环境需水量增加的情景下，黔中水利枢纽对各方需水的满足程度，以更全面地发挥工程的多种效益。在情景 3 下，河道内生态环境需水量方案见表 5.6。其中，三岔河平寨水库下游河段内生态环境的年基本需水量为 27864 万 m³，猫跳河红枫湖水库下游河段内生态环境的年基本需水量为 13033.8 万 m³。表 5.6 中 11 座水库下游河道内生态环境总的年基本需水量为 49021.2 万 m³。与情景 1 同样的道理，没有计算普定水库和引子渡水库下游的生态环境基本需水量。

表 5.6　　　　　　　　水库下游河道内生态环境基本需水量（情景 3）

水库	河系	河流名称	最小生态流量 /(m³/s)		生态环境月需水量 /万 m³		生态环境年需水量 /万 m³
			汛期	非汛期	汛期	非汛期	
平寨	乌江	三岔河	17.670	5.890	4644.0	1548.0	27864.0
鹅项		邢江河	0.180	0.060	47.1	15.7	282.6
大洼冲		羊昌河	0.015	0.005	3.6	1.2	21.6
凯掌		南明河	0.048	0.016	12.6	4.2	75.6
松柏山		南明河	0.708	0.236	185.7	61.9	1114.2
花溪		南明河	1.602	0.534	420.9	140.3	2525.4
阿哈		南明河	0.966	0.322	253.8	84.6	1522.8
红枫湖		猫跳河	8.265	2.755	2172.3	724.1	13033.8
桂家湖	北盘江	桂家河	0.438	0.146	115.5	38.5	693.0
高寨		郎岱河	0.789	0.263	207.3	69.1	1243.8
革寨	红水河	格凸河	0.408	0.136	107.4	35.8	644.4
合计			—	—	8170.2	2723.4	49021.2

5.2.4　生态环境需水量情景 4

结合生态环境需水情景 2 和情景 3，统筹考虑供水、发电、生态环境等效益，基于既适当提高非汛期的生态基流，又保留汛期（6—8 月）生态流量脉冲特性的思想，设置了生态环境需水量情景 4。该情景中，汛期最小生态流量为水库多年平均来水流量的 20%，非汛期为 12%。如此，不仅将非汛期的生态水量在国家标准生态基流（多年平均来水量的 10%）的基础上提高了 20%，而且保障了每年河道内生态流量在汛期都有一个高峰。在情景 4 下，河道内生态环境需水量方案见表 5.7。其中，三岔河平寨水库下游河段内生态环境的年基本需水量为 26006.4 万 m³，猫跳河红枫湖水库下游河段内生态环境的年基本需水量为 12164.7 万 m³。表 5.7 中 11 座水库下游河道内生态环境总的年基本需水量为 45752.4 万 m³。与情景 1 同理，没有计算普定水库和引子渡水库下游的生态环境基本需水量。

表 5.7　水库下游河道内生态环境基本需水量（情景 4）

水库	河系	河流名称	最小生态流量 /(m³/s)		生态环境月需水量 /万 m³		生态环境年需水量 /万 m³
			汛期	非汛期	汛期	非汛期	
平寨	乌江	三岔河	11.780	7.068	3096.0	1857.6	26006.4
鹅项		邢江河	0.120	0.072	31.4	18.8	263.4
大洼冲		羊昌河	0.010	0.006	2.4	1.4	19.8
凯掌		南明河	0.032	0.019	8.4	5.0	70.2
松柏山		南明河	0.472	0.283	123.8	74.3	1040.1
花溪		南明河	1.068	0.641	280.6	168.4	2357.4
阿哈		南明河	0.644	0.386	169.0	101.5	1421.1
红枫湖		猫跳河	5.510	3.306	1448.2	868.9	12164.7
桂家湖	北盘江	桂家河	0.292	0.175	77.0	46.2	646.8
高寨		郎岱河	0.526	0.316	138.2	82.9	1160.7
革寨	红水河	格凸河	0.272	0.163	71.6	43.0	601.8
合计			—	—	5446.8	3268.0	45752.4

5.3　发电需求分析

贵州省电力系统属于多电源系统，目前以及将来一定时期内都是以火电为主，水电次之，还有少量的风电和光伏发电以及垃圾发电。电力系统的电力电量平衡需要依靠多种电源发电的相互补偿和适时调整各种电站在电力电量平衡图中的位置来保障。水电只是电网电源的一种，当水电发电减少时，其他电源可以补充。平常火电担任基荷和腰荷，水电一般担任调峰；当来水较丰时期，水电承担电力负荷的基荷和腰荷，尽量多发电少弃水，火电则用于适当调峰。按照节约资源和保护环境的原则，国家有关部门的规定要求电力系统在电力电量平衡计划中，尽可能地多使用水电、风电、光伏发电、垃圾发电等可再生清洁能源，减少弃能。

另外，贵州省属于经济欠发达地区，经济发展正处于上升期，对电力的需求增长很快。因此，对于黔中水利枢纽涉及的电站，发电量越大对于当地的经济发展越有促进作用。

黔中水库群的多用途任务中，供水是第一任务。并且此案例只涉及黔中水库群的中长期调度，不涉及短期调度和实时调度，因此不具体考虑电力系统电力电量平衡。

综合上述各方面，此案例研究水库群的中长期调度的原则是供水优先，发电用水次之，因此，不对水电站各时段的发电量做硬性要求。

5.4　防洪需求分析

黔中水库群不仅具有供水、发电和保护生态环境等作用，另外还承担一定的防洪任务。在此案例开发的黔中水库群中长期优化调度模型中对防洪要求给予了充分考虑——按照汛限水位要求限制水库蓄水量。洪水流量变化过程是比较快的，防洪调度中水库下泄流量和水库水位变化也是比较快的，这些即时变化只能在水库短期调度和实时调度中反映出来，在中长期调度被大大钝化，不能反映其真实的快速变化过程。此案例的水库调度属于中长期优化调度，计算时段为月，不能够反映具体的调洪过程，只在汛期从中长期的角度考虑防洪要求——留足调洪库容。防洪调度对中长期水库调度模型的要求体现在水库优化调度过程中水位的约束条件上，即水库蓄水量的约束。

平寨水库不承担下游防洪任务，防洪运用方式相对简单，只需满足自身枢纽安全即可，设计的汛限水位即正常蓄水位。洪水调节过程如下：水库起调水位为 1331.00m，当水库未蓄至正常蓄水位时，洪水在满足总干渠取水与河道下游生态用水要求的前提下主要用于充蓄水库；当水库蓄满后，当上游来水量小于或等于水库正常蓄水位相应的泄流能力时，水库通过控制泄洪设施按来水量下泄，水库水位维持在正常蓄水位；当上游来水量大于水库正常蓄水位的泄流能力时，水库泄洪闸和泄洪洞的闸门逐渐全部打开，水库处于敞泄状态；洪水过后，当水位自由消落至正常蓄水位后，逐步下闸控制泄量使水库保持正常蓄水位运行。

红枫湖水库承担一定的下游防洪任务，6—7 月防洪限制水位为 1236.00m。目前该水库实际功能以城市供水、发电、旅游为主，兼有防洪、养殖、生态调节等多项功能。

松柏山、花溪、阿哈等水库承担对下游防洪任务，它们的防洪汛限水位均不同程度低于正常蓄水位。

高寨水库、鹅项水库、革寨水库、大洼冲水库、凯掌水库、桂家湖水库均不承担下游防洪任务，汛限水位均为正常蓄水位。

根据黔中水库群各库防洪调度的水位要求，拟定了逐月各库水位约束，见表 5.8。

表 5.8　　　　　　　　　　　研究区各水库月末运行水位约束　　　　　　　　单位：m

水库	水位约束	1 月	2 月	3 月	4 月	5 月	6 月	7 月	8 月	9 月	10 月	11 月	12 月
平寨	上限水位	1331.00	1331.00	1331.00	1331.00	1331.00	1331.00	1331.00	1331.00	1331.00	1331.00	1331.00	1331.00
	下限水位	1305.00	1305.00	1305.00	1305.00	1305.00	1305.00	1305.00	1305.00	1305.00	1305.00	1305.00	1305.00
桂家湖	上限水位	1271.50	1271.50	1271.50	1271.50	1271.50	1271.50	1271.50	1271.50	1271.50	1271.50	1271.50	1271.50
	下限水位	1262.00	1262.00	1262.00	1262.00	1262.00	1262.00	1262.00	1262.00	1262.00	1262.00	1262.00	1262.00
高寨	上限水位	1186.00	1186.00	1186.00	1186.00	1186.00	1186.00	1186.00	1186.00	1186.00	1186.00	1186.00	1186.00
	下限水位	1182.50	1182.50	1182.50	1182.50	1182.50	1182.50	1182.50	1182.50	1182.50	1182.50	1182.50	1182.50
鹅项	上限水位	1299.70	1299.70	1299.70	1299.70	1299.70	1299.70	1299.70	1299.70	1299.70	1299.70	1299.70	1299.70
	下限水位	1292.70	1292.70	1292.70	1292.70	1292.70	1292.70	1292.70	1292.70	1292.70	1292.70	1292.70	1292.70
革寨	上限水位	1262.00	1262.00	1262.00	1262.00	1262.00	1262.00	1262.00	1262.00	1262.00	1262.00	1262.00	1262.00
	下限水位	1256.00	1256.00	1256.00	1256.00	1256.00	1256.00	1256.00	1256.00	1256.00	1256.00	1256.00	1256.00
大洼冲	上限水位	1283.00	1283.00	1283.00	1283.00	1283.00	1283.00	1283.00	1283.00	1283.00	1283.00	1283.00	1283.00
	下限水位	1272.00	1272.00	1272.00	1272.00	1272.00	1272.00	1272.00	1272.00	1272.00	1272.00	1272.00	1272.00
凯掌	上限水位	1255.30	1255.30	1255.30	1255.30	1255.30	1255.30	1255.30	1255.30	1255.30	1255.30	1255.30	1255.30
	下限水位	1250.00	1250.00	1250.00	1250.00	1250.00	1250.00	1250.00	1250.00	1250.00	1250.00	1250.00	1250.00

续表

水库	水位约束	1月	2月	3月	4月	5月	6月	7月	8月	9月	10月	11月	12月
松柏山	上限水位	1179.00	1179.00	1179.00	1179.00	1176.00	1176.00	1176.00	1178.00	1178.00	1179.00	1179.00	1179.00
	下限水位	1162.40	1162.40	1162.40	1162.40	1162.40	1162.40	1162.40	1162.40	1162.40	1162.40	1162.40	1162.40
花溪	上限水位	1145.00	1145.00	1145.00	1145.00	1137.90	1137.90	1137.90	1137.90	1145.00	1145.00	1145.00	1145.00
	下限水位	1119.80	1119.80	1119.80	1119.80	1119.80	1119.80	1119.80	1119.80	1119.80	1119.80	1119.80	1119.80
阿哈	上限水位	1110.00	1110.00	1110.00	1110.00	1108.00	1108.00	1108.00	1110.00	1110.00	1110.00	1110.00	1110.00
	下限水位	1090.00	1090.00	1090.00	1090.00	1090.00	1090.00	1090.00	1090.00	1090.00	1090.00	1090.00	1090.00
红枫湖	上限水位	1240.00	1240.00	1240.00	1240.00	1236.00	1236.00	1236.00	1240.00	1240.00	1240.00	1240.00	1240.00
	下限水位	1230.00	1230.00	1230.00	1230.00	1230.00	1230.00	1230.00	1230.00	1230.00	1230.00	1230.00	1230.00

黔中水库群多用途
优化调度方案

第6章

本章设置了黔中水库群多用途优化调度方案，并进行了多目标优化调度计算，得出了非劣解集研究成果；进行了黔中水库群多用途调度方案初选，在初选方案的基础上，分别在4种生态环境需水量情景下进行了水库群多目标优化调度研究，弄清楚了各条河道生态环境基本需水量对调水量和优化调度结果的影响，并进一步作了方案比选和推荐；从多方面（包括计算单元供需平衡、当地水库调节能力、发电量、平寨水库调水、干渠各节点过水量以及各分水口供水量等）深入系统地分析了推荐方案的水库群优化调度结果；还初步讨论了本书提出的水库群优化调度方法及模型在运行阶段的可用性问题。

6.1 水库群多用途优化调度方案设置

6.1.1 多用途优化调度的价格方案设置

根据多目标优化原理，不同用途或不同目标间是相对独立或不可公度的。因此，需要通过众多不同权重方案求出非劣解集。由非劣解集的丰富求解信息，采取适当的方法，例如，层次分析法、权重法（或比价法）等把不同目标变成可公度的，多目标优化问题就变成了单目标优化问题。

为了便于直观理解和建立各种目标可公度关系并推荐调度方案，此案例采用比价法代替权重法，求解非劣解集。在求解非劣解集过程中，把基本生态环境需水量作为约束处理，比价法只考虑农业供水量、非农业供水量和发电量的价格关系。

结合贵州省现行各行业供水水价和电价初步调查结果，选取一定的价格浮动范围，并设置不同的水价、电价组合方案，相当于各目标间的权重方案。在每套方案下，多目标优化调度问题就转变成为单目标优化调度问题。通过对若干价格方案下的单目标优化调度问题的求解，就可得到多目标优化调度问题的非劣解集。严格来说，水价和电价的组合有无限多个，因此多用途水库群优化调度问题的非劣解也应有无限多个，但从实际应用角度出发，此案例仅设置具有代表性的若干套价格方案，进行对比以说明问题。

考虑到现实生活中农业水价和非农业水价是不断变化的，它们之间的比价关系也是不断变化的。因此在确定农业供水水价远低于非农业供水水价的前提下，分别设置两种不同的农业、非农业供水水价组合，与电价一同形成更多的水价、电价组合，增加多目标优化非劣解数量，为方案优选或最终决策提供更多可能的选择。此外，部分方案的电价要比当前实际电价水平高得多（在现实中很难出现），这是为了考查各目标在较为极端比价关系情况下的竞争性，突出各目标之间的矛盾。这里只选取部分具有代表性比价关系的方案，见表 6.1，其中价格方案 1～7 为低水价情景：农业水价均为 0.2 元/m³，非农业水价均为 2.0 元/m³，电价在 0.1～2.0 元/(kW·h) 之间设置不同档次；价格方案 8～14 为高水价情景：农业水价均为 0.25 元/m³，非农业水价均为 3.0 元/m³，电价与低水价情景的设置相同。另外，还给出了符合黔中地区当前实际的现实价格情景，即方案 15：农业水价为 0.2 元/m³，非农业水价为 2.5 元/m³，电价为 0.25 元/(kW·h)。

表 6.1　　　　　　　　　　　　多目标优化调度方案设置

价格情景	方案	供水水价/(元/m³)		电价 /[元/(kW·h)]	电价与农业水价的比值
		农业	非农业		
一 （低水价情景）	1	0.2	2.0	0.1	0.5
	2	0.2	2.0	0.2	1.0
	3	0.2	2.0	0.3	1.5
	4	0.2	2.0	0.6	3.0
	5	0.2	2.0	1.2	6.0
	6	0.2	2.0	1.6	8.0
	7	0.2	2.0	2.0	10.0
二 （高水价情景）	8	0.25	3.0	0.1	0.4
	9	0.25	3.0	0.2	0.8
	10	0.25	3.0	0.3	1.2
	11	0.25	3.0	0.6	2.4
	12	0.25	3.0	1.2	4.8
	13	0.25	3.0	1.6	6.4
	14	0.25	3.0	2.0	8.0
现实情景	15	0.2	2.5	0.25	1.25

黔中水库群优化调度现实价格方案分析设置的依据简述如下：

《初步设计报告》给出了平寨电站上网电价推荐方案：丰水期 0.2 元/(kW·h)、枯水期 0.3 元/(kW·h)。

此案例对黔中受水区各市、县现行水价进行了深入的调查研究，依据调查数据分析得到的结果见表 6.2。

表 6.2　　　　　　　　　　　　黔中受水区各市、县现行水价

市、县	自来水供水价格/(元/m³)					农业水价/(元/m³)
	居民生活	工业	行政事业	经营服务	特种行业	
贵阳市	2	2.9	2.9	2.9	10	0.21
平坝县	1.2	1.5	1.5	1.5	1.5	0.23
关岭县	1.2	1.5	1.2	1.6	1.7	0.18
普定县	2.2	2.2	2.2	3.2	4.2	0.15
镇宁县	2.2	2.6	2.8	3.2	3.8	0.31
六枝特区	1.7	1.9	1.9	3	9.8	0.19

注　表中的自来水供水价格不包括污水处理费。

结合以上两方面结果，初步选定黔中水库群优化调度的现实水价方案（方案 15）的农业供水水价、非农业供水水价、电价分别为 0.2 元/m³、2.5 元/m³、0.25 元/(kW·h)。

6.1.2　生态环境需水量方案设置

为了减少非劣解集求解环节的计算方案和分析工作量，在非劣解集的求解过程中，以生态环境基本需水量情景 1 的各条河流的生态环境需水量（详见 5.2.1 节）为约束进行全部价格方案下的优化求解。

为了把反映黔中水库群实际情况的优化调度问题研究透彻，得出比较贴近实际的研究成果，此案例把现实价格情景（价格方案 15）的优化调度作为研究重点。在现实价格下，设置了 4 套生态环境需水量方案（即生态需水情景 1、2、3 和 4），详见 5.2 节，以便于分析比较河道内生态环境用水对农业供水、非农业供水和发电的影响。

6.2　不同调度方案优化结果分析

经过模型优化计算，得到水库群多目标优化调度方案的调度结果，即多目标优化调度问题的非劣解集或非劣方案集。详细优化调度结果包括平寨水库调水量、当地水供水量、外调水供水量、总缺水量、缺水率、电站群发电量、总效益等。当地水供水量是指受水区水库利用当地河流来水进行的供水量。外调水供水量是指系统利用平寨水库调水进行的供水量。这里以多年平均结果为例进行说明。其中各方案的总体优化调度结果（包括水量和发电量信息）见表 6.3，供水优化调度结果（只包括供水详细信息）见表 6.4，发电优化调度结果见表 6.5。

为了表述简洁，本书中若无特殊说明，总需水量、总供水量、总缺水量、总缺水率均指农业和非农业用水而言，不包括河道内生态环境用水；总效益均指农业供水、非农业供水及发电的总经济效益，也不包括河道内生态环境用水的效益。

通过优化调度和供需平衡得到的总供水量包括平寨水库调水的供水量、当地水库来水通过调水输水系统供其他地区的供水量和直接供当地的供水量。后两者统称为当地供水量。先根据调水输水系统的综合有效系数（0.7）和平寨水库的调水量，计算平寨水库调水的供水量，再得到当地水供水量。

黔中水库群多种用途之间的关系非常复杂，既存在相互矛盾的竞争关系，也存在非竞

表 6.3　　　　　　　　　　　各方案的总体优化调度结果

方案	电价与农业水价的比值	平寨水库调水量/万 m³	供水量/万 m³			总缺水量/万 m³	总缺水率/%	总发电量/(万 kW·h)	方案价格的总效益/亿元	现实价格的总效益/亿元
			合计	当地水	平寨调水					
1	0.5	46959	78753	45882	32871	203	0.26	86318	13.48	17.85
2	1.0	46862	78722	45919	32803	234	0.30	87832	14.38	17.88
3	1.5	46720	78700	45996	32704	256	0.33	90675	15.34	17.95
4	3.0	46528	78697	46127	32570	259	0.33	95125	22.13	18.07
5	6.0	42004	75168	45765	29403	3788	5.04	97788	24.13	17.87
6	8.0	36762	70876	45143	25733	8080	11.40	99923	28.21	17.73
7	10.0	30982	65766	44079	21687	13190	20.06	103298	32.69	17.59
8	0.4	46899	78701	45872	32829	255	0.32	86344	19.71	17.85
9	0.8	46837	78680	45894	32786	276	0.35	86488	20.57	17.85
10	1.2	46815	78678	45097	32771	278	0.35	87855	21.48	17.88
11	2.4	46610	78655	46028	32627	301	0.38	94509	23.57	18.05
12	4.8	46132	78508	46216	32292	448	0.57	95232	30.26	18.06
13	6.4	42511	75596	45838	29758	3360	4.44	97426	34.15	17.89
14	8.0	41378	74651	45686	28965	4305	5.77	97817	38.07	17.86
15	1.25	46852	78707	45911	32796	249	0.32	87835	17.88	17.88

表 6.4　　　　　　　　　　　各方案下的供水优化调度结果

方案	供水量/万 m³			供水保证率[①]/%			缺水率/%		
	合计	农业	非农业	综合	农业	非农业	综合	农业	非农业
1	78753	17391	61362	67.5	67.5	100	0.26	1.15	0
2	78722	17360	61362	65.0	65.0	100	0.30	1.33	0
3	78700	17338	61362	65.0	65.0	100	0.32	1.45	0
4	78697	17336	61361	65.0	65.0	100	0.33	1.47	0
5	75168	14654	60514	2.5	2.5	50.0	4.80	16.72	1
6	70876	10833	60043	0	0	40.0	10.23	38.43	2.15
7	65766	6220	59546	0	0	27.5	16.71	64.65	2.96
8	78701	17339	61362	67.5	67.5	100	0.32	1.45	0
9	78680	17318	61362	67.5	67.5	100	0.35	1.57	0
10	78678	17317	61362	65.0	65.0	100	0.35	1.58	0
11	78655	17293	61362	65.0	65.0	100	0.38	1.71	0
12	78508	17166	61342	60.0	60.0	97.5	0.57	2.43	0.03
13	75596	14983	60613	2.5	2.5	52.5	4.26	14.84	1.22
14	74651	14130	60521	0	0	52.5	5.45	19.69	1.37
15	78707	17345	61362	65.0	65.0	100	0.32	1.41	0

① 供水保证率为年保证率，下同。

表6.5 调水量对调出梯级和受水区水电站群发电量的影响

方案	平寨水库调水量/万 m³	调出梯级电站总发电量/(万 kW·h)	受水区电站群总发电量/(万 kW·h)	电站群总发电量/(万 kW·h)	调出梯级电量相对上一方案变化量/(万 kW·h)	受水区电量相对上一方案变化量/(万 kW·h)	总电量相对上一方案变化量/(万 kW·h)
1	46959	77302	9016	86318	—	—	—
2	46862	78834	8998	87832	1532	−18	1514
3	46720	81917	8758	90675	3083	−240	2843
4	46528	86854	8271	95125	4937	−487	4450
5	42004	90633	7155	97788	3779	−1116	2663
6	36762	93015	6907	99922	2382	−248	2134
7	30982	96530	6768	103298	3515	−139	3376
8	46899	77330	9014	86344	—	—	—
9	46837	77473	9015	86488	143	1	144
10	46815	78859	8996	87855	1386	−19	1367
11	46610	86014	8495	94509	7155	−501	6654
12	46132	87400	7832	95232	1386	−663	723
13	42511	90262	7164	97426	2862	−668	2194
14	41378	90726	7091	97817	464	−73	391
15	46852	78837	8998	87835	—	—	—

争关系，包括一水多用、无用则弃等，并且这些关系并不是一成不变的，而是随着各年及各时段来水量和供求关系的变化而变化。得到的黔中水库群多目标优化调度结果比较明确地反映了这些复杂关系。为了便于理解，下面做一些简要分析。在黔中水库群多目标优化调度非劣解集的求解中，已经根据生态环境基本需水量情景1，做了约束处理，下面调度结果可以近似认为各方案的生态环境效果相同。这就简化了多目标结果关系，更加便于说明和理解农业用水、非农业用水、发电用水之间的关系。在6.5节中再进一步专门研究生态环境用水与其他用水（或目标）的关系。

6.2.1 低水价情景的调度结果分析

低水价情景的优化调度结果如图6.1所示。从图6.1和表6.5中可以看出：

（1）调水量在受水区水电站群增加的发电量小于调出梯级水电站群减少的发电量，即调水量越大水电站群总发电量越小；这是因为：①受水区的水库有些没有水电站，只供水不发电，例如，桂家湖、革寨水库等；②有些水库虽然有水电站但调水量直接从水库里供出，未经电站发电；③受水区水电站的发电水头较低，单位水量的发电效率较低，而调出梯级3座电站的总平均发电水头较高，单位水量的发电效率较高。

（2）当地水供水量基本维持不变，不随电价变化而变化。这是各方案优化调度的结果，因为只有充分利用受水区水库当地来水量，尽量减少平寨水库的调水量，才能够减少

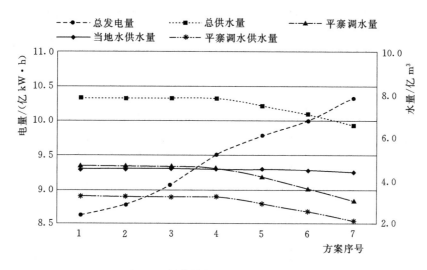

图 6.1　低水价情景的优化调度结果

乌江干流三岔河段上平寨、普定、引子渡等梯级电站的发电量损失。

（3）随着电价的上升，总发电量逐渐增大，平寨水库调水量和外调水供水量逐渐减小，从而导致总供水量减小。总供水量中减少的主要是农业供水量，非农业供水量几乎没有减少。这是因为随着电价的上升，农业供水的价格保持不变但相对比价就逐渐降低，单位农业供水量的经济价值相对于其发电的价值就相对降低，越来越多地失去竞争优势，为了减少发电量损失而减少调水量，农业供水量就逐渐减少，农业缺水量就逐渐增加。非农业供水的价格较高且保持不变，尽管电价在逐渐提高，单位非农业供水量的经济价值相对于其发电的价值仍然保持着竞争优势，所以非农业供水量基本上保持满供状态。

低水价情景下，农业供水量和非农业供水量与电量的变化关系如图 6.2 所示。从图 6.2 中可以看出，随着电价的升高，总发电量逐渐增大，农业供水量逐渐减小，而非农业

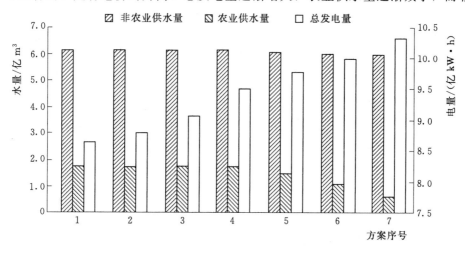

图 6.2　低水价情景下供水量与总发电量的变化关系

供水量基本没有受到影响。生态环境流量的供给比例如图 6.3 所示。从图 6.3 可以看出，水库总下泄的生态环境水量（包括超过生态环境基本流量的部分）占河流多年平均总来水量的比例较大，达到 70% 以上。

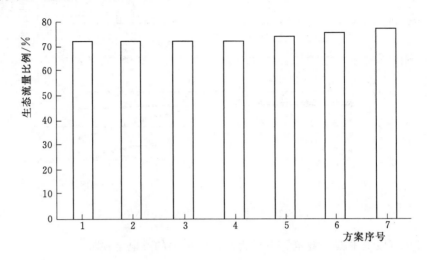

图 6.3　低水价情景下总生态流量占水库河流多年平均总来水量的比例

6.2.2　高水价情景的调度结果分析

高水价情景的优化调度结果如图 6.4 所示。从图中可以得到与低水价情景相似的结论：水库当地来水的总供水量基本维持不变，不随电价变化而变化；随着电价的上升，总发电量逐渐增大，平寨水库的调水量及其供水量逐渐减小，从而导致总供水量相应减小。

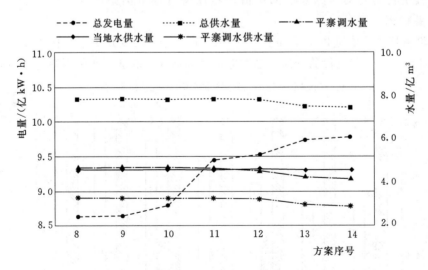

图 6.4　高水价情景的优化调度结果

高水价情景下，农业供水量和非农业供水量与总发电量的变化情况如图 6.5 所示。从图 6.5 中可以看出，随着电价的升高，总发电量逐渐增大，农业供水量逐渐减小，而非农业供水量基本没有受到影响。生态环境流量的供水比例如图6.6所示。从图6.6可以看出，水库总下泄的生态环境水量占多年平均总来水量的比例较大，达到70%以上。

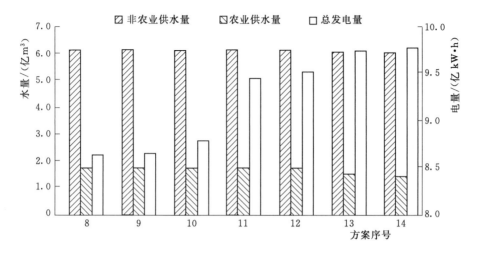

图 6.5 高水价情景下供水量与总发电量的变化关系

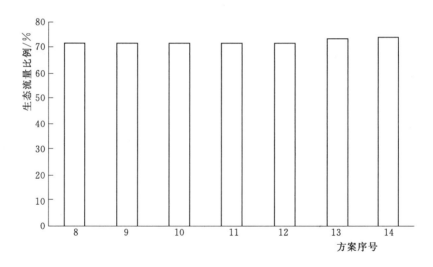

图 6.6 高水价情景下总生态流量占水库河流多年平均总来水量的比例

6.2.3 非劣解集结果分析

低水价情景与高水价情景的非劣解集的分布情况分别如图6.7和图6.8所示。

从各方案的优化调度结果可以看出，无论是低水价情景还是高水价情景，系统中的优化结果——农业供水量、非农业供水量和发电量，均是随着农业水价、非农业水价以及电价之间比价关系的不断变化而变化的。总体表现为：非农业水价远高于农业水价和电价，非农业供水的竞争性也大大强于农业供水和发电。随着电价的逐渐升高，发电在系统各目标中的竞争性逐渐强于农业供水，弱于非农业供水，电价变化只对农业供水的影响较大，对非农业供水的影响较小。具体结论如下：

（1）随着电价的升高，发电在各目标中的竞争力逐渐提高，发电与供水之间的竞争性

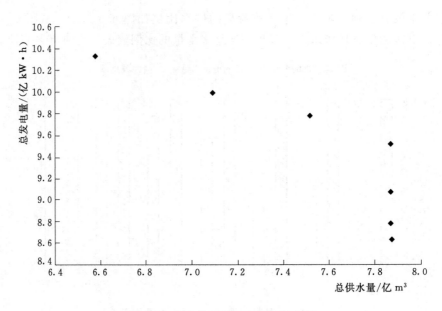

图 6.7　低水价情景的非劣解集分布

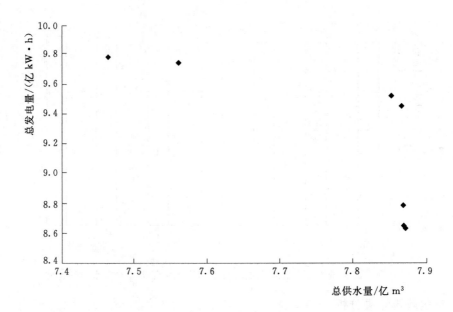

图 6.8　高水价情景的非劣解集分布

逐渐凸显。电价越高，平寨水库调水量越小，水电站群总发电量越大。电价越低，平寨水库调水量越大，水电站群总发电量越小。从缺水率来看，农业供水价格高低影响显著：低水价情景下，总缺水率从 0.26% 逐渐提高到 16.71%；高水价情景下总缺水率从 0.32% 逐渐提高到 5.45%。

（2）当非农业水价远高于农业水价和电价时（方案 1～4 和方案 8～11），非农业供水在各目标中的竞争力是最强的，因此电价的变动对非农业供水不产生任何影响，这些方案均能使非农业用水得到完全满足，且保证率为100％。

（3）当电价远高于农业水价，其至接近非农业水价时（方案6～7和方案12～14），非农业供水才遭到轻微破坏，而农业供水则遭到较严重的破坏。例如，方案7，电价为2.0元/（kW·h），农业水价为0.20元/m^3，非农业水价为2.0元/m^3；非农业供水保证率仅为27.5％，农业供水保证率仅为0，即每一年均有缺水；农业缺水率达到64.65％，非农业缺水率为2.96％。

（4）随着电价的升高，发电的竞争力逐渐强于农业供水（低水价情景的电价与农业水价的比值从0.5增大到10.0，高水价情景的电价与农业水价的比值从0.4增大到8.0），电价对农业供水的影响也越发明显。低水价情景的农业缺水率从1.15％逐渐上升到64.65％，高水价情景的农业缺水率从1.45％逐渐上升到19.69％。

（5）从各非劣解的空间分布来看，非劣解集并非随着电价的变化而呈现均匀分布。其中，当电价与农业水价之比处于相对较低的范围内（方案1～4和方案8～12）时，总供水量大但变化较小，非劣解集相对集中于总供水量大的一头；随着电价的不断上升，当电价与农业水价之比达到某一数值（方案6、7和方案13、14左右）时，总供水量将明显减少，解集呈散状分布。

在当前现实的水价电价环境下，尽管比价关系会有一定幅度的变化，但方案6～7和方案13～14那样的现象很难出现，这里只是设置一些极端情景进行研究，便于反映水价与电价之间的比价关系对供水与发电调度的影响，突出供水与发电的矛盾及其竞争能力的转变过程，从而为合理配置水资源提供更加充分的把握和更加有益的决策参考。

6.3　多用途调度方案初选

多目标优化问题求解完成后，各方案的调度结果共同组成了多目标问题的非劣解集，或称非劣方案集。在实际操作中，决策者往往会根据一定的标准或偏好从若干非劣方案中选取一个方案作为最终决策，即推荐方案或满意方案，这就是方案优选过程。

前面得到了15个非劣解，其中包含现行价格方案。在各自价格方案下的总经济效益差别较明显，但是该效益并不可比。在现行价格方案下的经济效益是可比的，15个方案的总经济效益比较接近，方案4、11、12每年的总经济效益也比较大，都略高于18亿元；方案3每年的总经济效益也比较大，十分接近于18亿元。方案4的总经济效益最高，为18.07亿元。方案15每年的总经济效益居中，为17.88亿元。即使是总经济效益最高的方案4，也仅比方案15高1％。因此，实际上可以认为方案3、4、11、12、15在经济效益方面是基本相同的。在供水保证率和缺水保证率方面，15个非劣解是有差异的，有的差异小，有的差异大。方案15与方案4实际上可以认为是相同的。方案15较方案11、12要好，见表6.4。从总经济效益、供水保证率、缺水保证率综合考虑，加之方案15是在现行价格下优化得到的，易实现，初步选择方案15为推荐方案，它在非劣方案集分布图中的位置如图6.9所示。

本章后面几节，将在推荐方案下进一步研究不同生态环境需水量情景下的优化调度结果。

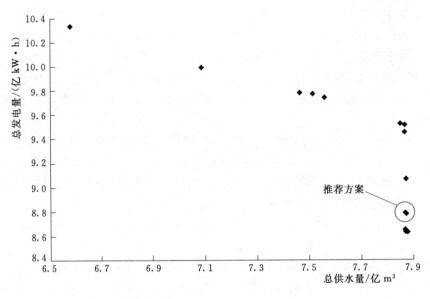

图 6.9　推荐方案在非劣解集中的位置

6.4　不同生态环境需水量情景下的优化调度结果分析

为研究生态需水量对黔中水库群调度的影响，基于推荐方案的价格，设置 4 种不同的生态需水量情景（见 5.2 节）。各生态需水量情景的总体优化结果和供水优化结果分别见表 6.6 和表 6.7。

表 6.6　　　　不同情景下的总体优化调度结果（现实价格、多年平均）

生态情景	平寨水库调水量/万 m³	供水量/万 m³			总缺水量/万 m³	总缺水率/%	总发电量/(万 kW·h)	现实价格的总效益/亿元
		合计	当地水	外调水				
1	46852	78707	45911	32796	249	0.32	87835	17.88
2	47620	78671	45337	33334	285	0.36	88069	17.89
3	47465	78604	45378	33226	352	0.45	87677	17.88
4	47398	78660	45482	33178	296	0.38	87885	17.88

表 6.7　　　　不同情景下的供水优化调度结果（现实价格、多年平均）

生态情景	供水量/万 m³			供水保证率/%			缺水率/%		
	合计	农业	非农业	综合	农业	非农业	综合	农业	非农业
1	78707	17345	61362	65.0	65.0	100	0.32	1.41	0
2	78671	17312	61359	60.0	62.5	97.5	0.36	1.61	0.004
3	78604	17247	61357	62.5	62.5	95	0.45	1.97	0.008
4	78660	17298	61360	62.5	62.5	97.5	0.38	1.68	0

从表 6.6、表 6.7 两表中可以看出，四种生态需水量情景下，供水结果基本相差不大，缺水率均较小；差别较大的是平寨水库调水量和总发电量，从调水量方面看，情景 1 平寨水库调水量最少，情景 2 最多，情景 3、4 次之；从发电方面看，总发电量从大到小依次为情景 2、4、1、3。综上，情景 4 既提高了 20% 非汛期的生态基本流量，又保障每年汛期都有一段生态水量高峰（比生态基本流量高 100%）。同时，由于农业需水量高峰期与河道内生态需水量高峰期基本处于同期，即存在争水矛盾，情景 4 较情景 3 在汛期适当降低河道内水量从而可以更好地保障农业和生态用水的相对均衡，进一步调和了农业与生态争水的矛盾。因此情景 4 较前 3 种情景的综合优势更大。

6.5　生态环境需水量对调水的影响分析

不同的生态环境保护标准或者生态环境效果要求，对应着不同的生态环境需水量。现在无法预知黔中水利枢纽受水区将来的生态环境保护标准或其要求，为了反映可能的变化，在前面 5.2 节给出了四种生态环境需水量情景。其中情景 1 是按照国家对河流水资源规划或水资源开发利用的基本要求计算河道内生态需水量的；情景 2、情景 3 和情景 4 则比情景 1 有所提高。

前面 6.2 节的计算结果（包括从平寨水库的调水量）都是在生态环境需水量情景 1 的条件下得到的。生态环境需水与生活、农业等用水存在相互竞争、挤占的关系，为了分析这些复杂关系和影响，6.4 节在现实价格方案下，分别在 4 个生态环境需水量情景下进行了黔中水库群多目标优化调度计算。下面将对比分析生态环境需水由情景 1 变成情景 2、由情景 1 变成情景 3 和由情景 1 变成情景 4，对系统主要优化结果的影响。

6.5.1　生态环境需水由情景 1 换成情景 2 的影响

表 6.8 给出了以现实价格方案为基础，在其他条件不变的情况下，生态环境需水由情景 1 提高到情景 2 对系统各主要方面的影响。表中生态环境用水量是指水库调度实际下泄给河道生态环境的多年平均年水量（各情景相同）。在来水量有富余的月份，一般下泄水量都大于当月生态环境基本需水量约束值。

表 6.8　　　　　全过程提高河道内生态环境基本需水量对各方面的影响

项　　目		单位	情景 1	情景 2	变化量
生态环境基本需水量		万 m³	32681	49025	16344
生态环境用水量		万 m³	235023	235106	83
平寨多年平均调水量		万 m³	46852	47620	768
受水区多年平均缺水量	城镇生活	万 m³	0	3	3
	灌区人畜		0	0	0
	农业灌溉		249	282	33
水电站群多年平均发电量		万 kW·h	87835	88069	234

从表 6.8 中可以看出，河道内生态环境基本需水量占多年平均来水量的比例由 10% 提高到 15%，生态环境基本水量增加了 50%，即 16344 万 m³，因此增大了平寨水库的调

水量 768 万 m³，增大幅度较小，为 1.64％。这是因为，在情景 1 下，河道内可用于生态环境的水量明显比其基本要求大，只需要增加少量调水就能够满足情景 2 的新增要求。另外生态环境需水量还对社会经济用水造成一定程度的挤占，因此，受水区多年平均总缺水量有所增大，总缺水量增加 36 万 m³，灌溉缺水率增大 0.2 个百分点。从发电量方面看，由于多数电站下游河道的生态用水量会先用来发电，然后下放到河道，因此河道内生态用水量的提高间接增加了电站的发电用水量，黔中电站群多年平均总发电量有所增加，增加电量为 234 万 kW·h，增幅为 0.27％。

两情景的经济效益基本相同，河道内生态环境基本需水量都没有在汛期增大的约束，而情景 2 的河道内生态环境基本需水量增加了 50％，有明显改善。总的来说，情景 2 比情景 1 好。

6.5.2　生态环境需水由情景 1 换成情景 3 的影响

同样以现实价格方案为基础，在其他条件不变的情况下，生态环境需水由情景 1 换成情景 3（即只提高河道汛期水量约束）进行了水库群多目标优化调度。表 6.9 给出了由情景 1 换成情景 3 对系统各主要方面的影响。

表 6.9　　　　　　　　　汛期大幅增加河道内生态环境需水量对各方面的影响

项　　目		单位	情景 1	情景 3	变化量
生态环境基本需水量		万 m³	32681	49021	16340
生态环境用水量		万 m³	235023	235110	87
平寨多年平均调水量		万 m³	46852	47465	613
受水区多年平均缺水量	城镇生活	万 m³	0	5	5
	灌区人畜		0	0	0
	农业灌溉		249	347	98
水电站群多年平均发电量		万 kW·h	87835	87677	−158

从表 6.9 中可知，汛期生态环境需水量比情景 1 增大 200％，导致平寨水库的调水量增加 613 万 m³，增幅为 1.31％，较生态环境需水量全年提高 50％的情景下的调水量增加幅度较小，是由于汛期当地河流来水量较大，除了满足供水外通常还可以下泄较多的水量。另外，将汛期生态环境需水量大幅度提高之后，导致部分水库蓄水速度变缓，并部分挤占灌溉高峰期的灌溉用水，加剧了受水区的灌溉缺水情况，受水区多年平均总缺水量有小幅增加（增加 98 万 m³），灌溉缺水率增加 0.56 个百分点。从发电量方面来看，黔中电站群多年平均总发电量有小幅减小，减小电量为 158 万 kW·h，减幅仅为 0.18％。

两情景的经济效益基本相同，而情景 3 汛期的河道内生态环境基本需水量增加了 200％，对于有水位高涨需要的生态有好处。总的来说，情景 3 比情景 1 好。

6.5.3　生态环境需水由情景 1 换成情景 4 的影响

同样以现实价格方案为基础，在其他条件不变的情况下，生态环境需水由情景 1 换成情景 4（即同时提高河道内汛期、非汛期水量约束）进行了水库群多目标优化调度。

从表 6.10 中可以看出，情景 4 下，由于河道内生态环境需水在汛期和非汛期均比情景 1 有不同程度的提高，因此平寨水库的调水量增加 546 万 m³，增大幅度较小，为

1.16%。情景 4 调水量达到 4.74 亿 m³，没有超过《初步设计报告》的 5.50 亿 m³。另外汛期生态环境基本需水量增加 1 倍还对灌溉用水造成一定程度的挤占，导致灌溉缺水量增加 47 万 m³，灌溉缺水率增加 0.27 个百分点，但灌溉缺水量比情景 3 的少 51 万 m³。从发电量方面来看，由于水电站下泄给下游河道的生态用水同时也发电，黔中电站群多年平均总发电量比情景 1 还增加 50 万 kW·h，比情景 3 也多 208 万 kW·h。

表 6.10 给出了由情景 1 换成情景 4 对系统各主要方面的影响。

表 6.10   汛期非汛期分别适当增加河道内生态环境需水量对各方面的影响

项　　目		单位	情景 1	情景 4	变化量
生态环境基本需水量		万 m³	32681	45752	13071
生态环境用水量		万 m³	235023	235082	59
平寨多年平均调水量		万 m³	46852	47398	546
受水区多年平均缺水量	城镇生活	万 m³	0	0	0
	灌区人畜		0	0	0
	农业灌溉		249	296	47
水电站群多年平均发电量		万 kW·h	87835	87885	50

总体上情景 4 与情景 1 在供水和发电方面都十分接近，总经济效益相同，在生态环境保护效果方面情景 4 明显优于情景 1。

6.6　多用途优化调度方案比选

6.5 节从多年平均年供水、发电、调水及生态环境需水方面对比论证了情景 2、3、4 比情景 1 好。对比情景 4 和情景 2、3，可以看出，情景 4 能够较好地发挥当地水库来水的作用，减少平寨水库的调水量；同时还能够有效保障供水，总缺水量较情景 3 少 56 万 m³，较情景 2 多 11 万 m³（缺水率仅增加 0.02 个百分点），可忽略不计；更重要的是，情景 4 能够确保每一年每一月的流量都能够达到该情景的规定值，所提供的生态需水量与自然河道的来水特性较情景 1 更为接近，能更好地保护生物多样性发挥效用；在发电量方面略大于情景 1、3，略小于情景 2。因此情景 4 较情景 2、3 更有优势。

下面根据情景 1 和 4 中的水库下泄流量过程和天然流量过程，分析比较调度方案对河道内生态环境的不利影响。

从受水地区水库群中选桂家湖、松柏山和红枫湖 3 个典型水库，对比分析在情景 1 和 4 中水库的下泄流量过程与天然来水量的相似性，再判断哪个情景对河道内生态环境更有利。

桂家湖水库位于总干渠上，调节控制平寨水库调水水量最多，影响范围最宽，但调节库容和调节能力都很有限。桂家湖水库对当地河流的控制集雨面积小，入库径流量也小。在调节库容、调节能力、当地来水等方面，桂家湖水库与高寨、鹅项、革寨、大洼冲和凯掌水库类似，因此选它具有代表性。

松柏山水库位于桂松干渠末端，调节控制平寨水库调水水量少，除了向贵阳市供水外不向其他单元供水；该库控制的当地河流集雨面积和入库径流量比受水区的多数中小型水库都大，具备不完全多年调节能力。在这些方面，松柏山水库与花溪和阿哈水库类似，因此选它也具有代表性。

红枫湖水库是受水区控制当地河流集雨面积和入库径流量都最大的水库，具备不完全多年调节能力。据规划，平寨水库的调水量可以通过小鹅支渠、东大支渠和麻线河等多条途径流入该水库。但是红枫湖水库位于受水区下游，除了向贵阳市供水外，并不向其他单元供水。在向贵阳市供水方面，红枫湖水库与松柏山、花溪和阿哈等水库存在一定的互补性和替代性，有利于提高贵阳市供水保证率。红枫湖水电站还是受水区3座水电站中最大的一座，也是猫跳河梯级电站中的龙头水库。由于红枫湖水库比较重要而特殊，因此选它。3座典型水库当地来水量过程以及两种情景下水库调节后的下泄水量过程见表6.11～表6.13。表中 R 为水库调节后的下泄水量过程与天然径流量过程的相关系数，反映了二者的相似程度。

经分析得到以下认识：

（1）情景1下水库调度后的下泄水量过程尽管满足了国家规定（占多年平均流量10％）的最低要求，却严重改变了桂家湖这类水库的原有水文情势，各种来水年份与原水量过程都没有相似性可言。情景4下水库调度后的下泄水量过程中汛期达到了多年平均流量20％（体现了对生态敏感期的照顾），非汛期达到了多年平均流量12％，明显高于最低要求，更加有利于河道内生态环境保护。水库调度后的下泄水量过程也较明显地改变了原有水文情势，但仍然保持着与原水量过程不同程度的相似性，不同来水情况下的相关系数在0.7～0.9之间。从河流水文情势的角度看，情景4对生态流量的改善是很有必要的。

（2）情景1和情景4下，对于位于受水区下游只向贵阳市供水且当地来水量较大的水库（如松柏山和红枫湖等水库）来说，在丰水年、平水年和枯水年来水情况下，水库调度后的下泄水量过程一般都高于国家规定的最低要求和两情景给定的各月最小水量约束，对原有水文情势改变较小，较好地保持着与原水量过程的相似性，不同来水情况下的相关系数在0.78～0.98之间。总体上，情景4的相似性略好一些。特枯水年来水情况下，水库调度后的下泄水量过程大多数时段都高于国家规定的最低要求和两情景给定的各月最小水量约束，与原水量过程比较，松柏山水库仍有一定相似性，相关系数为0.7；而红枫湖水库则没有相似性，因为红枫湖水库的天然来水量过程中出现了4月和5月连续很小，分别仅为周期多年平均值的14.4％和3.7％的极端情况，对河道内生态环境极为不利。两情景下优化调度的下泄水量过程都做了有利于生态的明显改善，情景4的更好。总体上，情景4的相似性略好一些，比情景1的更合理。

（3）不仅下泄水量过程总的水文情势对河道内生态环境有一定影响，个别月份特别偏小的水量也可能造成不利的生态影响，尤其是在生态流量敏感期。虽然黔中地区各条河流一般年份在6—8月的来水量比较大，水库下泄水量也比较大，但是由于受水库群调度目标（社会经济供水、防洪、发电等）的影响，如果没有足够大的下泄水量约束，优化调度后汛期个别月可能出现下泄水量特别偏小的情况。如果只是几天、一两周流量特别小，河道内及河滨生物或许能够依靠自身的调节或适应能力应对过去，不至于产生严重的损害；如果长达一个月及其以上，尤其是在生态流量敏感期，就可能产生严重的损害。这种损害一旦造成，后期即使长时间用较多水量也很难补救回来。在此利用40年水文系列，在生

表6.11　情景1和情景4中桂家湖水库调度运行对下游水文情势的影响对比

典型年	情景	单位	1月	2月	3月	4月	5月	6月	7月	8月	9月	10月	11月	12月	全年	占天然径流量比例	R①
丰水年	天然径流量	万m³	109	141	172	335	435	1194	681	1135	370	409	212	105	5298	—	—
	情景1水库下泄径流量	万m³	38	38	38	38	38	38	38	38	38	38	38	38	456	8.72%	0
	情景4水库下泄径流量	万m³	46	46	46	46	46	77	77	77	46	46	46	46	645	12.20%	0.8992
平水年	天然径流量	万m³	84	91	119	198	491	1517	804	422	311	578	177	107	4899	—	—
	情景1水库下泄径流量	万m³	38	38	38	38	38	38	38	38	38	38	38	38	456	9.43%	0
	情景4水库下泄径流量	万m³	46	46	46	46	46	77	77	77	46	46	46	46	645	13.20%	0.7325
枯水年	天然径流量	万m³	137	70	138	310	570	768	658	882	575	336	93	103	4640	—	—
	情景1水库下泄径流量	万m³	38	38	38	38	38	38	38	38	38	38	38	38	456	9.95%	0
	情景4水库下泄径流量	万m³	46	46	46	46	46	77	77	77	46	46	46	46	645	13.93%	0.7923
特枯水年	天然径流量	万m³	97	111	224	114	272	353	258	418	151	191	88	139	2416	—	—
	情景1水库下泄径流量	万m³	38	38	38	38	38	38	38	38	38	38	38	38	456	19.11%	0
	情景4水库下泄径流量	万m³	46	46	46	46	46	77	77	77	46	46	46	46	645	26.76%	0.8023

① 表中R为水库调节后的下泄水量过程与天然径流流量过程的相关系数，反映了二者的相似程度。

表 6.12　情景 1 和情景 4 中松柏山水库调度运行对下游水文情势的影响对比

典型年	情景	单位	1月	2月	3月	4月	5月	6月	7月	8月	9月	10月	11月	12月	全年	占天然径流量比例	R①
丰水年	天然径流量	万 m³	222	181	434	498	1181	3489	921	1288	721	710	373	340	10358	—	—
	情景 1 水库下泄径流量	万 m³	501	460	713	777	2290	3770	1202	1042	1001	687	652	619	13714	132.40%	0.9468
	情景 4 水库下泄径流量	万 m³	501	460	713	777	2290	3770	1202	1042	1001	687	652	619	13714	132.40%	0.9468
平水年	天然径流量	万 m³	241	215	252	246	670	1418	1195	418	350	434	448	316	6203	—	—
	情景 1 水库下泄径流量	万 m³	520	494	531	525	1779	1699	1476	523	621	582	898	595	10243	165.13%	0.8589
	情景 4 水库下泄径流量	万 m³	520	494	531	525	1779	1699	1476	585	559	582	898	595	10243	165.13%	0.8616
枯水年	天然径流量	万 m³	169	126	161	145	1606	2695	903	264	472	273	227	218	7259	—	—
	情景 1 水库下泄径流量	万 m³	448	405	440	424	2715	2976	1184	523	589	523	575	497	11299	155.67%	0.9682
	情景 4 水库下泄径流量	万 m³	448	405	440	424	2715	2976	1184	550	536	536	555	497	11266	155.18%	0.9671
特枯水年	天然径流量	万 m³	158	123	158	111	455	972	434	477	619	276	241	171	4195	—	—
	情景 1 水库下泄径流量	万 m³	437	402	437	390	1564	1253	715	352	949	709	352	422	7982	190.28%	0.7012
	情景 4 水库下泄径流量	万 m³	459	380	437	390	1564	1253	661	414	887	697	365	365	7872	187.61%	0.7079

① 表中 R 为水库调节后的下泄水量过程与天然流量过程的相关系数，反映了二者的相似程度。

表6.13　情景1和情景4中红枫湖水库调度运行对下游水文情势的影响对比

典型年	情景	单位	1月	2月	3月	4月	5月	6月	7月	8月	9月	10月	11月	12月	全年	占天然径流量比例	R①
丰水年	天然径流量	万m³	1334	1315	1811	2274	7470	38473	18765	21893	7221	5959	3487	2566	112568	—	—
	情景1水库下泄径流量	万m³	724	724	724	724	22132	36547	16935	724	4728	4090	1639	724	90415	80.32%	0.7764
	情景4水库下泄径流量	万m³	869	869	869	869	21556	36548	16936	1448	4007	4090	1639	869	90569	80.46%	0.7890
平水年	天然径流量	万m³	1580	1288	753	680	3126	31056	21960	5282	5309	7146	4502	2068	84750	—	—
	情景1水库下泄径流量	万m³	724	724	724	724	15332	29151	20127	724	724	724	724	724	71126	83.92%	0.8842
	情景4水库下泄径流量	万m³	869	869	869	869	14614	29152	20128	1448	869	869	869	869	72294	85.30%	0.8945
枯水年	天然径流量	万m³	2030	1331	916	986	10686	36250	5803	1712	1786	2553	1566	1311	66930	—	—
	情景1水库下泄径流量	万m³	724	724	724	724	17640	34376	3980	724	724	724	724	724	62512	93.40%	0.9735
	情景4水库下泄径流量	万m³	869	869	869	869	15618	34377	3981	1448	869	869	869	869	62376	93.20%	0.9842
特枯水年	天然径流量	万m³	1141	1079	1077	287	316	10135	4751	5780	8957	3142	2261	1495	40421	—	—
	情景1水库下泄径流量	万m³	724	724	724	724	9909	8182	2918	724	724	724	724	724	27525	68.10%	0.2132
	情景4水库下泄径流量	万m³	869	869	869	869	8990	8199	2904	1448	869	869	869	869	28493	70.49%	0.2649

① 表中R为水库调节后的下泄水量过程与天然流量过程的相关系数，反映了二者的相似程度。

态环境需水量情景 1 和 4 下，进行水库群优化调度后，平寨、桂家湖、松柏山、红枫湖等典型水库历年 6—8 月下泄流量参照多年平均流量的 20% 和 30% 两级进行了统计分析，结果见表 6.14。从该表可知，尽管汛期当地来水量大，但是各水库还是有一些年份下泄流量达不到多年平均流量的 20% 和 30%。例如，①以桂家湖水库为代表的灌区中小型水库，即使在汛期也会严格按照各生态情景给出的下泄流量约束放水，几乎不多泄水；②以红枫湖水库为代表的受水区下游仅向贵阳市供水的水库，多数年份汛期的下泄流量会超过相应生态情景给出的下泄流量约束值，汛期个别月份仍然是按照约束值下泄。

表 6.14　　　　　　　　　情景 1 和情景 4 典型水库 6—8 月下放流量情况

水库	情景	下泄流量未达多年平均流量 20% 的年数			下泄流量未达多年平均流量 20% 的年数比例/%			最小下泄流量与多年平均流量 20% 的相差比例/%		
		6 月	7 月	8 月	6 月	7 月	8 月	6 月	7 月	8 月
桂家湖	生态情景 1	1	2	36	2.5	5.0	90.0	50.00	50.00	50.00
	生态情景 4	0	0	0	0	0	0	0	0	0
松柏山	生态情景 1	0	0	0	0	0	0	0	0	0
	生态情景 4	0	0	0	0	0	0	0	0	0
红枫湖	生态情景 1	14	11	27	35.0	27.5	67.5	50.00	50.00	50.00
	生态情景 4	0	0	0	0	0	0	0	0	0
水库	情景	下泄流量未达多年平均流量 30% 的年数			下泄流量未达多年平均流量 30% 的年数比例/%			最小下泄流量与多年平均流量 30% 的相差比例/%		
		6 月	7 月	8 月	6 月	7 月	8 月	6 月	7 月	8 月
桂家湖	生态情景 1	2	2	37	5.0	5.0	92.5	66.67	66.67	66.67
	生态情景 4	2	2	37	5.0	5.0	92.5	33.33	33.33	33.33
松柏山	生态情景 1	0	0	0	0	0	0	0	0	0
	生态情景 4	0	0	0	0	0	0	0	0	0
红枫湖	生态情景 1	16	11	28	40.0	27.5	70.0	66.67	66.67	66.67
	生态情景 4	17	11	28	42.5	27.5	70.0	33.33	33.33	33.33

生态环境需水量情景 4 通过比情景 1 多调 546 万 m^3 的水量，使枯水期流量和汛期流量分别保证达到多年平均来水量的 12%、20%。与情景 1 比较，社会经济总效益基本没有降低，从河道内水文情势、汛期和非汛期各月保障下泄流量方面看，都能够使河道内生态效果得到改善，合理性更高，使得整个黔中受水区各方面用水得到了进一步优化的效果。因此统筹考虑，选择现实价格、生态环境需水量情景 4 作为黔中水库群优化调度的最终推荐方案。

6.7　推荐方案结果分析

下面具体介绍黔中水库群推荐方案（即基于现实价格和生态环境需水量情景 4）的优化调度结果（表 6.15）。

表 6.15　　　　　　　　　推荐方案优化调度结果汇总

项　目	单位	多年平均	平水年	枯水年	特枯水年
平寨水库调水量	万 m³	47398	46813	53556	57518
水库群总供水量（直接供单元）	万 m³	55072	55091	54969	55082
其中：当地水供水量（含通过输水系统的供水）	万 m³	45482	45827	43866	42923
总需水量	万 m³	78956	78254	81416	86108
其中：农业需水量	万 m³	17594	16892	20054	24746
非农业需水量	万 m³	61362	61362	61362	61362
总供水量	万 m³	78660	78254	81357	83186
其中：农业供水量	万 m³	17298	16892	19995	21824
非农业供水量	万 m³	61362	61362	61362	61362
总缺水量	万 m³	296	0	59	2922
其中：农业缺水量	万 m³	296	0	59	2922
非农业缺水量	万 m³	0	0	0	0
总缺水率	%	0.3766	0	0.0738	3.3294
其中：农业缺水率	%	1.6900	0	0.2997	11.8103
非农业缺水率	%	0	0	0	0
总发电量	万 kW·h	87885	103392	85606	36876
其中：调出梯级电站发电量	万 kW·h	78854	93576	76854	30101
受水区电站群发电量	万 kW·h	9031	9816	8752	6775
社会经济总效益	亿元	17.88	18.26	17.88	16.70
生态环境基本需水量	万 m³	45753	45753	45753	45753
其中：汛期需水量	万 m³	16340	16340	16340	16340
非汛期需水量	万 m³	29413	29413	29413	29413
生态环境实际供水量	万 m³	235082	256876	207994	90108
其中：汛期供水量	万 m³	134023	168344	102283	33892
非汛期供水量	万 m³	101059	88532	105711	56216

推荐方案调度结果主要包括：多年平均情况下，平寨水库调水量 47398 万 m³；长藤结瓜水库群总供水量 78660 万 m³，其中当地水供水量 45482 万 m³（包括各库供当地和通过调水输水系统供其他地区的水量，下同），平寨调水供水量 33178 万 m³；研究区总需水量 78956 万 m³，总缺水量 296 万 m³，总缺水率 0.38%；非农业供水保证率 97.5%，农业供水保证率 62.5%，农业缺水率 1.69%；水电站群总发电量 8.79 亿 kW·h，其中平寨电站发电量 3.81 亿 kW·h；所有水库各月初、月末的水位满足水库调度规则，各月的发电出力、发电流量、水库下泄流量均按给定约束控制。

6.7.1　水供需平衡分析

1. 受水区社会经济用水的供需平衡结果分析

推荐方案下，2020 年受水区水供需平衡总体情况如下。

多年平均情况下，水资源供需平衡结果见表 6.16。受水区的需水总量为 78956 万 m³，供水总量为 78660 万 m³，缺水 296 万 m³，总缺水率为 0.38%；供水量中，平寨调水供水 33178 万 m³，水库当地来水供水 45482 万 m³。在缺水方面，城镇用水和灌区人畜用水不缺；灌溉需水的缺水率为 1.69％。

表 6.16 2020 年黔中一期调水工程受水区供需平衡（多年平均）

单元	需水量/万 m³				供水量/万 m³				缺水量/万 m³				灌溉缺水率/％
	城镇	灌区人畜	灌溉	小计	城镇	灌区人畜	灌溉	小计	城镇	灌区人畜	灌溉	小计	
贵阳市	49253	0	0	49253	49253	0	0	49253	0	0	0	0	0
黄高羊	571	313	4292	5176	571	313	4146	5029	0	0	146	146	3.42
化普马	2986	252	2390	5628	2986	252	2380	5618	0	0	10	10	0.42
木丁落	2069	293	1326	3688	2069	293	1313	3675	0	0	13	13	0.98
马广凯	64	80	1348	1492	64	80	1310	1454	0	0	38	38	2.82
坡顶花	1121	290	3101	4512	1121	290	3076	4487	0	0	25	24	0.81
普马沙	17	12	337	366	17	12	327	356	0	0	10	10	2.97
梭岩龙	3343	289	1318	4950	3343	289	1318	4950	0	0	0	0	0.00
新双杨	71	338	3482	3891	71	338	3428	3837	0	0	54	54	1.55
总计	59495	1867	17594	78956	59495	1867	17298	78660	0	0	296	296	1.69

来水频率为 20％的丰水年情况下，水资源供需平衡结果见表 6.17。水库群向受水区的供水总量为 75422 万 m³，其中平寨调水供 29595 万 m³，水库当地来水供 45827 万 m³。各单元城镇需水、灌区人畜需水和农业需水均完全满足。

表 6.17 2020 年黔中一期调水工程受水区供需平衡（丰水年）

单元	需水量/万 m³				供水量/万 m³				缺水量/万 m³			
	城镇	灌区人畜	灌溉	小计	城镇	灌区人畜	灌溉	小计	城镇	灌区人畜	灌溉	小计
贵阳市	49253	0	0	49253	49253	0	0	49253	0	0	0	0
黄高羊	571	313	3428	4312	571	313	3428	4312	0	0	0	0
化普马	2986	252	1905	5143	2986	252	1905	5143	0	0	0	0
木丁落	2069	293	1059	3421	2069	293	1059	3421	0	0	0	0
马广凯	64	80	1072	1216	64	80	1072	1216	0	0	0	0
坡顶花	1121	290	2471	3882	1121	290	2471	3882	0	0	0	0
普马沙	17	12	269	298	17	12	269	298	0	0	0	0
梭岩龙	3343	289	1050	4682	3343	289	1050	4682	0	0	0	0
新双杨	71	338	2806	3215	71	338	2806	3215	0	0	0	0
总计	59495	1867	14060	75422	59495	1867	14060	75422	0	0	0	0

来水频率为 50％的平水年情况下，水资源供需平衡结果见表 6.18。水库群向受水区的供水总量为 78254 万 m³，其中平寨调水供 32770 万 m³，水库当地来水供 45484 万 m³。各单元城镇需水、灌区人畜需水和农业需水均完全满足。

来水频率为 80％的枯水年情况下的水资源供需平衡结果见表 6.19。水库群对受水区的供水总量为 81357 万 m³，其中平寨调水供 37491 万 m³，水库当地来水供 43866 万 m³。各单元城镇需水和灌区人畜需水均完全满足，缺水率均为 0；灌溉缺水 59 万 m³。该来水情况下，灌溉需水比来水频率 50％情况下增加了 3162 万 m³，这部分需水量基本上是由增加的调水量满足的。

表 6.18 　　　　　　　2020 年黔中一期调水工程受水区供需平衡（平水年）

单元	需水量/万 m³				供水量/万 m³				缺水量/万 m³			
	城镇	灌区人畜	灌溉	小计	城镇	灌区人畜	灌溉	小计	城镇	灌区人畜	灌溉	小计
贵阳市	49253	0	0	49253	49253	0	0	49253	0	0	0	0
黄高羊	571	313	4113	4997	571	313	4113	4997	0	0	0	0
化普马	2986	252	2289	5527	2986	252	2289	5527	0	0	0	0
木丁落	2069	293	1270	3632	2069	293	1270	3632	0	0	0	0
马广凯	64	80	1291	1435	64	80	1291	1435	0	0	0	0
坡顶花	1121	290	2970	4381	1121	290	2970	4381	0	0	0	0
普马沙	17	12	323	352	17	12	323	352	0	0	0	0
梭岩龙	3343	289	1262	4894	3343	289	1262	4894	0	0	0	0
新双杨	71	338	3374	3783	71	338	3374	3783	0	0	0	0
总计	59495	1867	16892	78254	59495	1867	16892	78254	0	0	0	0

表 6.19 　　　　　　　2020 年黔中一期调水工程受水区供需平衡（枯水年）

单元	需水量/万 m³				供水量/万 m³				缺水量/万 m³				灌溉缺水率/％
	城镇	灌区人畜	灌溉	小计	城镇	灌区人畜	灌溉	小计	城镇	灌区人畜	灌溉	小计	
贵阳市	49253	0	0	49253	49253	0	0	49253	0	0	0	0	0
黄高羊	571	313	4875	5759	571	313	4816	5700	0	0	59	59	1.21
化普马	2986	252	2718	5956	2986	252	2718	5956	0	0	0	0	0
木丁落	2069	293	1505	3867	2069	293	1505	3867	0	0	0	0	0
马广凯	64	80	1537	1681	64	80	1537	1681	0	0	0	0	0
坡顶花	1121	290	3527	4938	1121	290	3527	4938	0	0	0	0	0
普马沙	17	12	383	412	17	12	383	412	0	0	0	0	0
梭岩龙	3343	289	1501	5133	3343	289	1501	5133	0	0	0	0	0
新双杨	71	338	4008	4417	71	338	4008	4417	0	0	0	0	0
总计	59495	1867	20054	81416	59495	1867	19995	81357	0	0	59	59	0.30

　　来水频率为 95％的特枯水年情况下的水资源供需平衡结果见表 6.20。受水区的需水总量为 86108 万 m³，供水总量为 83186 万 m³，缺水 2922 万 m³，总缺水率为 3.33％；供水量中，平寨调水供 40263 万 m³，水库当地地表水供 42923 万 m³。在缺水方面，城镇用水和灌区人畜用水完全满足；灌溉需水的缺水率为 11.81％。各单元年内灌溉缺水分布情况见表 6.21。灌溉缺水最突出的计算单元是黄高羊、马广凯、普马沙等，灌溉缺水率依次是 16.25％、14.89％、16.28％。它们均处于桂松干渠的下游，外调水的输水距离较远，输水损失率较高，加之灌溉用水水价较低，在特枯年份来水量不足和优化调度原则下，它们的灌溉缺水率就比其他单元高一些。尽管是特枯水年，在水库群的联合调节下，对灌溉缺水进行了合理的时空调控，有效避免了"集中式破坏"，可以最大限度地减少缺水损失。

表6.20　　　　2020年黔中一期调水工程受水区供需平衡（特枯水年）

单元	需水量/万 m³				供水量/万 m³				缺水量/万 m³				灌溉缺水率/%
	城镇	灌区人畜	灌溉	小计	城镇	灌区人畜	灌溉	小计	城镇	灌区人畜	灌溉	小计	
贵阳市	49253	0	0	49253	49253	0	0	49253	0	0	0	0	0
黄高羊	571	313	6094	6978	571	313	5104	5988	0	0	990	990	16.25
化普马	2986	252	3398	6636	2986	252	3061	6299	0	0	337	337	9.92
木丁落	2069	293	1882	4244	2069	293	1666	4028	0	0	216	216	11.48
马广凯	64	80	1921	2065	64	80	1635	1779	0	0	286	286	14.89
坡顶花	1121	290	4409	5820	1121	290	3891	5302	0	0	518	518	11.75
普马沙	17	12	479	508	17	12	401	430	0	0	78	78	16.28
梭岩龙	3343	289	1877	5509	3343	289	1873	5505	0	0	4	4	0.21
新双杨	71	338	4686	5095	71	338	4193	4602	0	0	493	493	10.52
总计	59495	1867	24746	86108	59495	1867	21824	83186	0	0	2922	2922	11.81

表6.21　　　　2020年受水区灌溉缺水年内分布情况（特枯水年）

单元	1月	2月	3月	4月	5月	6月	7月	8月	9月	10月	11月	12月	合计
	缺水量/万 m³												
贵阳市	0	0	0	0	0	0	0	0	0	0	0	0	0
黄高羊	0	0	0	0	50	358	340	242	0	0	0	0	990
化普马	0	0	0	0	0	152	185	0	0	0	0	0	337
木丁落	0	0	0	0	0	109	107	0	0	0	0	0	216
马广凯	0	0	0	0	0	2	284	0	0	0	0	0	286
坡顶花	0	0	0	0	0	270	248	0	0	0	0	0	518
普马沙	0	0	0	0	0	28	25	25	0	0	0	0	78
梭岩龙	0	0	0	0	0	0	4	0	0	0	0	0	4
新双杨	0	0	0	0	2	252	239	0	0	0	0	0	493
总计	0	0	0	0	52	1171	1432	267	0	0	0	0	2922
	缺水率/%												
贵阳市	0	0	0	0	0	0	0	0	0	0	0	0	0
黄高羊	0	0	0	0	4.58	30.04	30.00	24.20	0	0	0	0	16.25
化普马	0	0	0	0	0	23.54	29.96	0	0	0	0	0	9.92
木丁落	0	0	0	0	0	29.90	29.99	0	0	0	0	0	11.48
马广凯	0	0	0	0	0	0.27	29.86	0	0	0	0	0	14.89
坡顶花	0	0	0	0	0	29.96	30.06	0	0	0	0	0	11.75
普马沙	0	0	0	0	0	29.66	27.80	29.45	0	0	0	0	16.28
梭岩龙	0	0	0	0	0	0	1.15	0	0	0	0	0	0.21
新双杨	0	0	0	0	1.67	29.98	29.94	0	0	0	0	0	10.48
总计	0	0	0	0	1.57	26.59	27.72	9.51	0	0	0	0	11.81

社会经济用水的供需平衡结果与《初步设计报告》的成果比较如下：

总体上案例的优化调度结果比《初步设计报告》的成果更好，主要原因是联合优化调度一方面提高了受水区各水库当地河流来水的供水量，从而减少了平寨水库调水量（多年平均约少调 13.82％），优化了平寨水库的调水量过程，减少了水头损失和弃水损失，增加了发电量。具体如下：

（1）此案例与《初步设计报告》采用的社会经济各行业供水原则完全相同，即供水优先顺序为城镇供水、灌区人畜供水、灌溉供水、发电供水。

（2）在来水频率小于 80％的来水年份，此案例与《初步设计报告》的成果都是，城镇供水、灌区人畜供水、灌溉供水都能够得到满足，并且平寨水电站能够维持正常发电。

（3）来水频率在 80％～95％之间的来水年份，《初步设计报告》要求城镇供水得到满足，灌溉供水最多允许缺水 20％，兼顾平寨水电站发电；此案例成果是城镇供水、灌区人畜供水都能够得到满足，灌溉缺水较少（研究区平均灌溉缺水率在 0～11.5％之间），平寨水电站发电效益较明显（年发电量在 1.44 亿～3.72 亿 kW·h 之间）。

（4）在来水频率为 95％特枯水年，《初步设计报告》要求城镇供水得到满足，灌溉供水最多允许缺水 25％，平寨水电站允许停机；此案例成果是城镇供水、灌区人畜供水都能够得到满足，灌溉缺水仍然较轻（受水区平均灌溉缺水率 11.5％，各单元年灌溉缺水率在 0.2％～16.28％之间），平寨水电站年发电量 1.44 亿 kW·h。

2. 河道内生态环境用水结果分析

在推荐方案中，河道内生态环境基本需水量方面，采用的是 5.2.4 节中基本生态环境需水量情景 4 的数据，作为水库群多用途优化调度的河道内生态环境供水约束条件，即各水库任意时段下泄水量必须满足下游河道内生态环境的基本需水量的要求。水库群优化调度过程中，只要水量允许，水库实际下泄水量就会大于所要求的生态环境的基本需水量，所以，各年河道内生态环境的实际用水量一般都会大于其基本需水量。

多年平均情况下，河道内生态环境用水量供需平衡结果过程见表 6.22 所示。所有水库的下泄水量均能满足其生态环境基本需水量的要求，且大部分水库在此基础上可以下泄更多的水量，可更好地满足水生生物及滨河生物的需要。表中水库群向河道内生态环境的实际供水量总和为 23.90 亿 m³，综合平均占当地河流来水总量的 73.13％。

来水频率为 80％和 95％的情况下，河道内生态环境用水量供需平衡结果过程见表 6.23 和表 6.24。即使是在特枯水年，所有水库的下泄水量还是能满足其生态环境基本需水量的要求，并有一定富余。表 6.24 中水库群向河道内生态环境的供水量总和为 9.39 亿 m³，各库综合平均占当地来水总量的 28.73％。

不同来水情况下各单元的供水过程见表 6.25 和表 6.26。

6.7.2 当地水库调节能力分析

水库调节能力是指水库将来水过程调节成与需水相适应的供水过程的能力。即当水库来水较多而需水较少时，水库可以发挥其蓄水的作用，将水量存蓄起来，以便未来时段使用；相反，当来水较少而需水较多时，水库可以将存蓄的水量用来补充供水，以满足需要。这样，水库就可以对水量在时间上进行重新分配，以满足各计算单元不同时期的水量

表 6.22　水库下游河道内生态环境用水量过程（多年平均）

水库	基本生态环境需水量/万 m³			河道内生态环境用水量/万 m³												河道生态用水比例①/%
	年	月		1月	2月	3月	4月	5月	6月	7月	8月	9月	10月	11月	12月	全年	
		汛期	非汛期														
平寨	26006.4	3096.0	1857.6	1857.5	1888.6	1858.8	2055.5	5146.3	23257.7	31974.1	23641.2	22374.8	14827.0	4794.9	1989.2	135665.6	73.03
桂家湖	646.8	77.0	46.2	46.2	46.2	46.2	46.2	46.2	77.0	77.0	77.0	46.2	46.2	46.2	46.2	646.8	14.00
高寨	1160.9	138.2	82.9	83.0	93.9	83.8	229.8	724.4	1010.1	887.5	620.2	542.7	481.7	142.7	85.9	4985.7	60.15
鹅项	263.8	31.4	18.9	70.6	44.0	63.8	103.7	90.0	318.7	341.0	433.8	122.1	109.4	95.4	93.9	1886.4	100.00
革寨	601.4	71.6	43.0	43.0	43.0	43.0	43.0	43.0	71.6	106.0	71.6	43.0	43.0	43.0	43.0	636.2	14.80
大连冲	20.2	2.4	1.4	1.6	1.6	1.6	1.6	1.6	2.6	2.6	2.6	1.6	1.9	1.6	1.6	22.5	15.28
凯掌	70.6	8.4	5.0	5.0	5.2	5.1	9.0	18.9	34.4	29.5	17.4	22.2	26.7	10.1	5.1	188.6	37.46
松柏山	1039.9	123.8	74.3	480.5	426.0	458.3	554.4	2026.6	1914.9	1724.7	819.7	936.7	653.9	671.9	504.6	11172.4	150.37
花溪	2357.0	280.6	168.4	227.9	222.4	240.4	414.7	3742.9	3461.7	3052.8	1353.1	431.3	603.4	481.4	304.7	14536.7	86.34
阿哈	1421.3	169.2	101.5	101.4	101.4	101.4	101.4	229.8	974.2	1175.7	369.9	331.0	244.9	138.7	101.4	3971.2	39.10
红枫湖	12164.9	1448.2	868.9	922.9	910.2	868.8	953.6	16843.3	18330.4	17107.2	1675.8	2922.1	2331.1	1494.0	922.5	65281.9	75.13
合计	45753.2	5446.8	3268.0	3839.6	3782.5	3771.2	4512.9	28913.0	49453.3	56478.1	29082.5	27773.7	19369.2	7919.9	4098.1	238994.0	73.13

① 河道生态用水比例指年内生态环境用水量占当地河流多年平均来水量的比例。据黔中水利枢纽初步设计，在一期规划水平年，不考虑鹅项水库的供水量和对调水量的调节作用，只考虑了生态调度作用。

表 6.23　　水库下游河道内生态环境用水量过程（枯水年）

| 水库 | 基本生态环境需水量/万 m³ | | | 河道内生态环境用水量/万 m³ | | | | | | | | | | | | | 河道生态用水比例①/% |
	年	月 汛期	月 非汛期	1 月	2 月	3 月	4 月	5 月	6 月	7 月	8 月	9 月	10 月	11 月	12 月	全年	
平桥	26006.4	3096	1857.6	1857.5	2188.8	1857.5	1857.5	5365.1	16021.3	20216.4	10216.4	31569.1	14229.4	7911.8	1857.5	115148.3	61.99
桂家湖	646.8	77.0	46.2	46.2	46.2	46.2	46.2	46.2	77.0	77.0	77.0	46.2	46.2	46.2	46.2	646.8	14.00
高寨	1160.9	138.2	82.9	83.0	83.0	83.0	127.4	476.3	557.0	182.0	138.2	152.7	638.6	83.0	83.0	2687.2	32.42
鹅项	263.8	31.4	18.9	49.9	23.9	47.9	108.5	18.9	238.2	198.3	366.9	84.9	175.9	29.9	27.9	1371.1	72.69
革寨	601.4	71.6	43.0	43.0	43.0	43.0	43.0	43.0	71.6	71.6	71.6	43.0	43.0	43.0	43.0	601.8	14.00
大冲冲	20.2	2.4	1.4	1.6	1.6	1.6	1.6	1.6	2.6	2.6	2.6	1.6	1.6	1.6	1.6	22.2	15.09
凯掌	70.6	8.4	5.0	5.0	5.0	5.0	5.0	5.0	8.4	8.4	8.4	5.0	5.0	5.0	5.0	70.2	13.96
松柏山	1039.9	123.8	74.3	448.0	405.0	440.0	424.0	2714.9	2976.0	1184.0	549.9	535.6	535.8	554.8	497.0	11264.8	151.61
花溪	2357.0	280.6	168.4	192.4	168.5	168.5	168.5	5497.5	5938.7	1869.7	282.8	168.5	168.5	168.5	168.5	14960.6	88.85
阿哈	1421.3	169.2	101.5	101.4	101.4	101.4	101.4	101.4	1175.5	725.3	169.2	101.4	101.4	101.4	101.4	2982.6	29.37
红枫湖	12164.9	1448.2	868.9	868.8	868.8	868.8	868.8	15617.6	34376.9	3981.0	1448.0	868.8	868.8	868.8	868.8	62373.9	71.78
合计	45753.2	5446.8	3268.0	3696.8	3935.2	3662.9	3751.9	29887.5	61443.2	28516.3	13331.0	33576.8	16814.0	9814.0	3699.9	212128.6	64.91

① 河道生态用水比例指年内河道下泄水总量占当地河流多年平均来水量的比例。据黔中水利枢纽初步设计，在一期规划水平年，不考虑鹅项水库的供水量和对调水量的调节作用，只考虑了生态调度作用。

表6.24　水库下游河道内生态环境用水量过程（特枯水年）

水库	基本生态环境需水量/万m³			河道内生态环境用水量/万m³													河道生态用水比例①/%
	年	月		1月	2月	3月	4月	5月	6月	7月	8月	9月	10月	11月	12月	全年	
		汛期	非汛期														
平寨	26006.4	3096	1857.6	1857.5	1857.5	1857.5	1857.5	1857.5	3095.8	6264.4	5183.7	7291.1	10118.7	1857.5	1857.5	44956.2	24.20
桂家湖	646.8	77.0	46.2	46.2	46.2	46.2	46.2	46.2	77.0	77.0	77.0	46.2	46.2	46.2	46.2	646.8	14.00
高寨	1160.9	138.2	82.9	83.0	83.0	83.0	83.0	83.0	138.2	138.2	138.2	86.0	269.9	83.0	83.0	1351.5	16.31
鹅项	263.8	31.4	18.9	33.9	40.9	82.9	33.5	18.9	31.5	61.3	423.9	68.9	86.9	30.9	49.9	963.4	51.07
革寨	601.4	71.6	43.0	43.0	43.0	43.0	43.0	43.0	71.6	71.6	71.6	43.0	43.0	43.0	43.0	601.8	14.00
大连冲	20.2	2.4	1.4	1.6	1.6	1.6	1.6	1.6	2.6	2.6	2.6	1.6	1.6	1.6	1.6	22.2	15.09
凯掌	70.6	8.4	5.0	5.0	5.0	5.0	5.0	5.0	8.4	8.4	8.4	5.0	5.0	5.0	5.0	70.2	13.96
松柏山	1039.9	123.8	74.3	459.0	379.9	437.0	390.0	1563.9	1253.0	660.8	414.1	887.0	696.7	364.5	364.5	7870.4	105.92
花溪	2357.0	280.6	168.4	168.5	168.5	168.5	168.5	2770.9	2017.7	797.7	552.8	168.5	168.5	168.5	168.5	7487.1	44.47
阿哈	1421.3	169.2	101.5	101.4	101.4	101.4	101.4	101.4	169.2	169.2	169.2	101.4	101.4	101.4	101.4	1420.2	13.98
红枫湖	12164.9	1448.2	868.9	868.8	868.8	868.8	868.8	8990.0	8199.2	2904.0	1448.0	868.8	868.8	868.8	868.8	28491.6	32.79
合计	45753.2	5446.8	3268.0	3667.9	3595.8	3694.9	3598.5	15481.4	15064.2	11155.2	8489.5	9567.5	12406.7	3570.4	3589.4	93880.5	28.73

① 河道生态用水比例指年内水库总下泄水量占当地河流多年平均来水量的比例。据黔中水利枢纽初步设计，在一期规划水平年，不考虑鹅项水库的供水量和对调水量的调节作用，只考虑了生态调度作用。

表6.25				不同来水情况下贵阳市总供水过程							单位：万 m³	
典型年	1月	2月	3月	4月	5月	6月	7月	8月	9月	10月	11月	12月	全年
丰水年	4104	4104	4105	4104	4105	4104	4105	4104	4105	4104	4105	4104	49253
平水年	4104	4104	4105	4104	4105	4104	4105	4104	4105	4104	4105	4104	49253
枯水年	4104	4104	4105	4104	4105	4104	4105	4104	4105	4104	4105	4104	49253
特枯水年	4104	4104	4105	4104	4105	4104	4105	4104	4105	4104	4105	4104	49253
多年平均	4104	4104	4105	4104	4105	4104	4105	4104	4105	4104	4104	4104	49253

表6.26				不同来水情况下其他8个单元总供水过程							单位：万 m³	
典型年	1月	2月	3月	4月	5月	6月	7月	8月	9月	10月	11月	12月	全年
丰水年	2295	1551	2232	1921	2443	3732	3571	3059	1249	1057	1366	1693	26169
平水年	2553	1660	2479	2103	2733	4281	4087	3470	1300	1066	1438	1831	29001
枯水年	2842	1783	2754	2311	3054	4840	4655	3931	1352	1078	1519	1985	32104
特枯水年	3267	1961	3159	2611	3535	4533	4218	4274	1432	1094	1637	2212	33933
多年平均	2617	1687	2540	2147	2803	4318	4087	3505	1311	1069	1456	1867	29407

需求。利用调水渠道网络和当地水库供水网络，通过多水库联合优化调度，还可以同时实现水库群调节能力在时间和空间上的优化利用，从而最优满足不同单元、不同时期的需水要求。

黔中水库群受水区所有水库的来水量主要分为两部分：一部分是水库当地的来水量，另一部分是从平寨水库调入的水量。黔中水利枢纽工程建成后，即人为地增加了受水区水库的总来水量，因此需要分析受水区各水库对当地来水的调节作用以及对当地来水与调水的总调节作用。

受水区水库对总来水量的多年平均调节过程如图6.10所示。调节水量为"正"表示某时段动用水库蓄水量增加的供水量，水库蓄水量减少；调节水量为"负"则表示水库蓄水量增加。

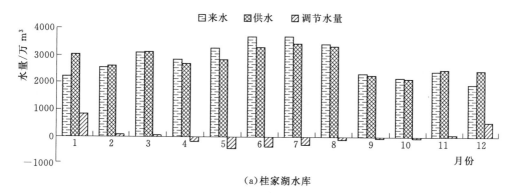

(a) 桂家湖水库

图6.10（一）　受水区水库对多年平均总来水量的调节过程

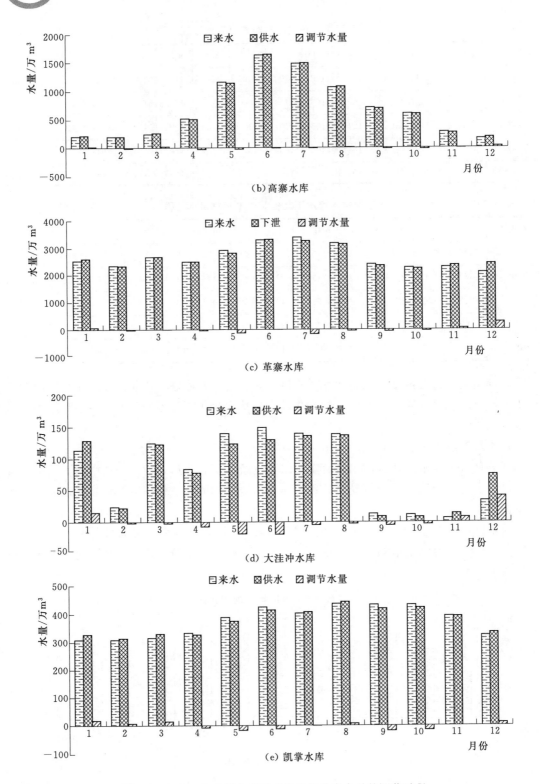

图 6.10（二）　受水区水库对多年平均总来水量的调节过程

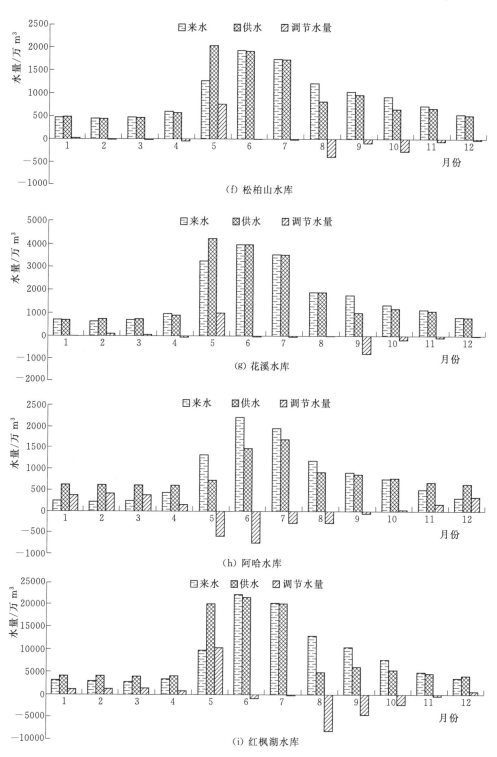

(f) 松柏山水库

(g) 花溪水库

(h) 阿哈水库

(i) 红枫湖水库

图 6.10（三）　受水区水库对多年平均总来水量的调节过程

11 座水库（不含普定水库和引子渡水库）下游河道内生态环境基本需水量的总过程与各种来水情况下的实际供水量总过程如图 6.11 所示。

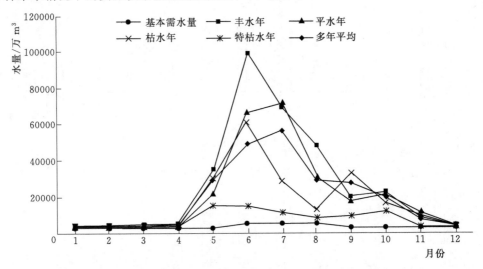

图 6.11　不同来水情况下河道内生态环境总基本需水量和总供水量过程

各单元通过干渠调水以及当地水库对其供水。其不同频率年受供水情况见表 6.25 及表 6.26。从表中可以看出，不同来水频率下，贵阳市的城镇需水量各年各月基本稳定，且基本全部满足；其他 8 个单元，因有灌溉需水，从丰水年到特枯水年，总供水则逐渐增加。

平寨水库和受水区水库来水量较大是 5—10 月，来水高峰期是汛期（6—8 月）；需水量高峰期是 6—8 月；调水工程过水能力限制。这三大主要因素决定了平寨水库调水量较大是 3—8 月，调水量高峰期是汛期（6—8 月）。平寨水库的调水量过程、受水区各水库的所在位置、控制范围和调节库容及当地河流来水量过程，则决定了各水库的调节过程。由图 6.16 可以看出，受水区各水库对调水和当地来水的总量均有不同程度的调节作用。各水库蓄水和动用库存供水开始的月份有一定的差异性。但大部分水库基本都是在 6—10 月逐渐蓄水，而在 11 月至次年 4 月动用库存水量增加供水量，总体趋势是处于上游的水库先蓄水，处于下游的水库后蓄水。

桂家湖水库在输水总干渠上，是黔中水利枢纽干渠的第一个反调节水库，是受水区最上游的水库，控制范围最宽，平寨水库调水量用不完的最先由桂家湖水库存蓄起来。从图 6.11 中看出，该水库的调节过程为：4—10 月水库在蓄水，供水量小于来水量。枯水期 11 月至次年 3 月水库在利用库存水量增加供水量，供水量大于来水量；其中调节水量最大的月份为 1 月，该月调节水量为 810 万 m³，占总调节库容的 39.32%。

革寨水库和凯掌水库位于桂松干渠中部，是中游水库但调节库容很小，为了起到尽可能大的调节作用，两库都有两次蓄供水过程。

松柏山水库位于桂松干渠末端，没有灌溉供水，只间接向贵阳市供水并兼顾发电，有两次蓄放水过程。主蓄水过程是 8—12 月。

红枫湖水库为受水区库容最大的水库，也是系统末端的调节水库。该库几乎担任着系统一半的贵阳市供水任务，是保障总供水量过程符合贵阳市需要的主要依靠，没有灌溉供水，发电是其重要任务之一。调水通过疏浚后的麻线河进入该库。红枫湖水库6—11月为蓄水期，来水量大于供水量；蓄水量最多的是8—10月；12月至次年5月为供水期，供水量大于来水量。其中调节水量最大的月份为5月，达10230万m³，占总调节库容的23.74%。

其他各水库均有不同程度的调节作用。

各水库的调节库容大小不一，相对输水干渠的位置不同，且供水单元不同，加之当地来水量也不同，因此，调节过程及各时段的调节水量有差异。这都是为了整个系统供需平衡的需要，也体现了长藤结瓜水库群的联合调节特点。各水库单月多年平均最大调节水量及占比情况见表6.27。

表6.27 各水库单月总调节最大水量（多年平均）

水库	调节库容/万m³	最大调节水量月份	单月最大调节水量/万m³	占调节库容比例/%
桂家湖	2060	1	810	39.32
高寨	64	4	24	37.50
革寨	379	12	258	68.07
大洼冲	238	12	40	16.81
凯掌	221	9	18	8.14
松柏山	3240	5	758	23.40
花溪	2840	5	979	34.47
阿哈	5150	6	740	14.37
红枫湖	43100	5	10230	23.74

受水区来水频率80%的典型年（2007年）各水库的调节过程如图6.12所示，单月最大调节水量及占比情况见表6.28。从图6.12中可以看出，该典型年红枫湖水库除6月来水量很大外，其他月份来水量明显小于6月。该库全年几乎没有大量蓄水，多数月份都在利用库存水量增加供水量。这是在发挥该库强大的多年调节能力的作用。

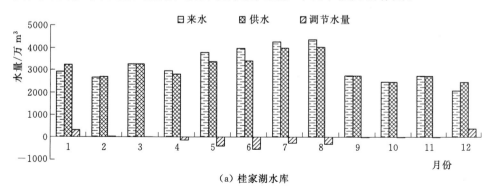

（a）桂家湖水库

图6.12（一） 受水区水库枯水年对总来水量的调节过程

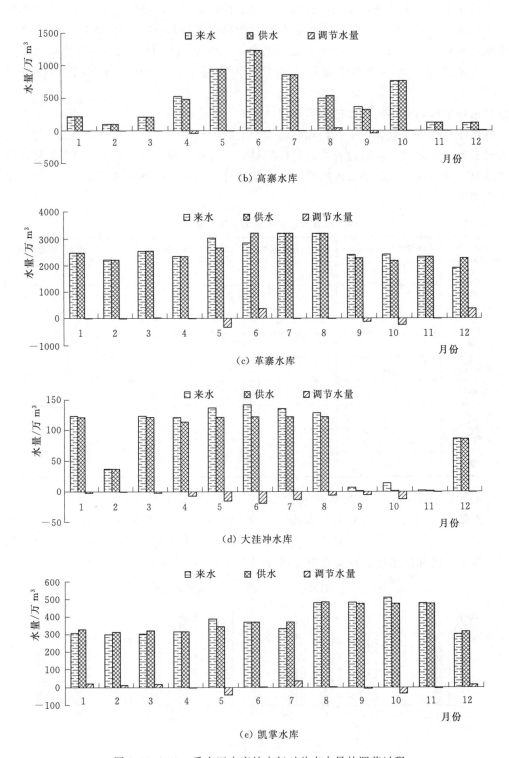

图 6.12（二）　受水区水库枯水年对总来水量的调节过程

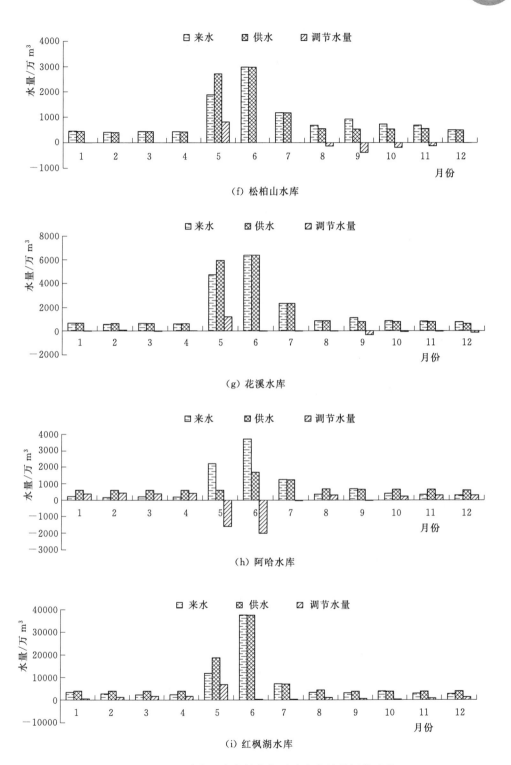

图 6.12（三）　受水区水库枯水年对总来水量的调节过程

表 6.28   各水库单月总调节最大水量（枯水年）

水　库	调节库容 /万 m³	最大调节水量月份	单月最大调节水量 /万 m³	占调节库容比例 /%
桂家湖	2060	6	554	26.89
高寨	64	9	43	67.19
革寨	379	5	371	97.89
大洼冲	238	6	19	7.98
凯掌	221	5	43	19.46
松柏山	3240	5	819	25.28
花溪	2840	5	1202	42.32
阿哈	5150	6	2024	39.30
红枫湖	43100	5	6884	15.97

受水区来水频率 95% 的典型年（1989 年）各水库的调节过程如图 6.13 所示，单月最

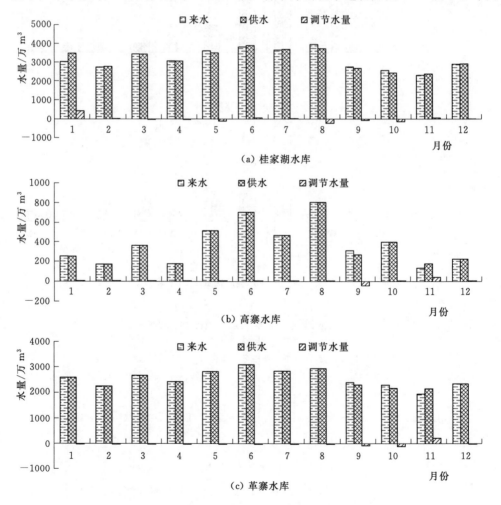

图 6.13（一）　受水区水库特枯水年对总来水量的调节过程

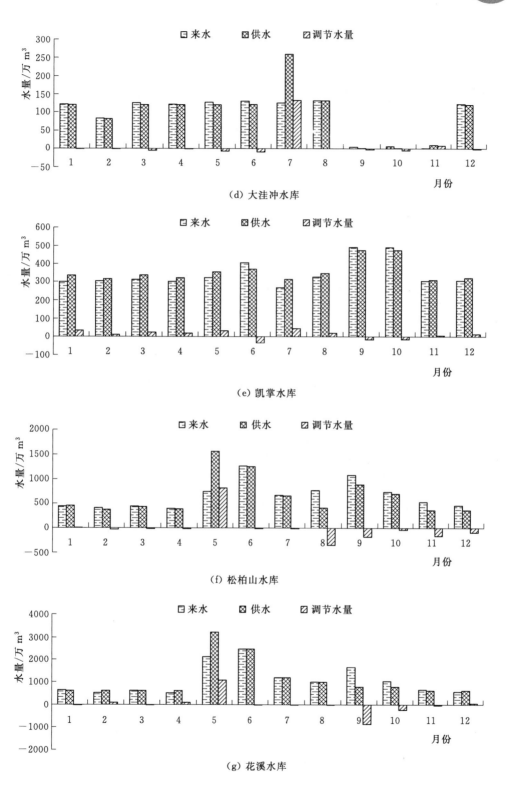

（d）大洼冲水库

（e）凯掌水库

（f）松柏山水库

（g）花溪水库

图 6.13（二）　受水区水库特枯水年对总来水量的调节过程

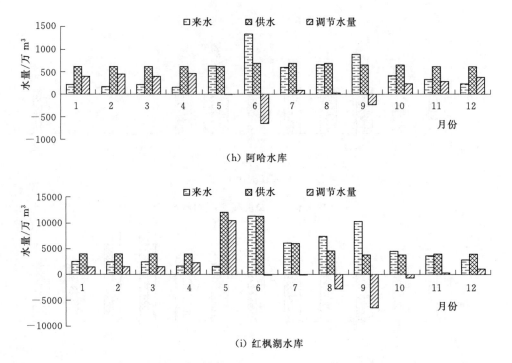

图 6.13（三）　受水区水库特枯水年对总来水量的调节过程

大调节水量及占比情况见表 6.29。从图 6.13 可以看出，不少水库有两次蓄供水过程；红枫湖水库该典型年的来水量整体上比较小，但 6—9 月的来水量明显大于其他月份，8—10 月有一个明显的蓄水过程。1—5 月、11 月和 12 月都是利用库存水量增加供水量，并且增加供水量较大，尤其是 5 月增加的供水量占调节库容的 24.39%。

表 6.29　　　　　　　　各水库单月总调节最大水量（特枯水年）

水库	调节库容/万 m³	最大调节水量月份	单月最大调节水量/万 m³	占调节库容比例/%
桂家湖	2060	1	443	21.50
高寨	64	9	43	67.19
革寨	379	11	217	57.26
大洼冲	238	7	134	56.30
凯掌	221	7	45	20.36
松柏山	3240	5	819	25.28
花溪	2840	5	1093	38.49
阿哈	5150	6	651	12.64
红枫湖	43100	5	10511	24.39

　　黔中水库群由调水工程的各干支渠连接，各水库之间产生了水量调配的复杂关系。受水区各水库对当地来水的调节情况见表 6.30。桂家湖水库为调水干渠的中间关键调节环节，红枫湖水库为调水末端的关键调节水库，调节库容大。下面分析桂家湖和红枫湖水库对当地来水量的多年平均调节情况。

表6.30　　　　　　　　受水区水库当地来水量调节情况（多年平均）

水库	调节库容 /万 m³	最大调节水量月份	单月最大调节水量 /万 m³	与当月来水量之比例 /%	占调节库容比例 /%
桂家湖	2060	1	867	713.43	42.09
高寨	64	1	31	16.63	48.44
革寨	379	12	256	301.57	67.55
大洼冲	238	12	40	1309.59	16.81
凯掌	221	9	18	40.97	8.14
松柏山	3240	5	758	78.85	23.40
花溪	2840	5	979	33.35	34.47
阿哈	5150	6	740	33.63	14.37
红枫湖	43100	5	10322	124.98	23.95

桂家湖和红枫湖水库对当地来水量的多年平均调节过程如图6.14和图6.15所示。

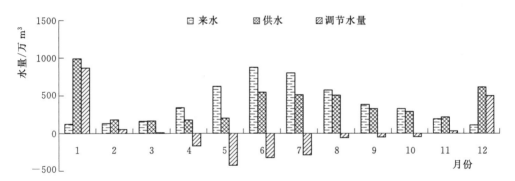

图6.14　桂家湖水库对当地来水量的调节过程

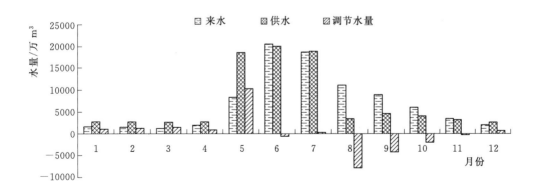

图6.15　红枫湖水库对当地来水量的调节过程

从图中看出，两座水库对当地来水量的调节能力均表现较好。其中桂家湖水库全年蓄水时段为4—10月；11月到次年3月水库利用存蓄水量增加供水量。最大调节月份为1

月，调节水量为 867 万 m³，是当月来水量的 7.13 倍，占总调节库容的 42.10%。红枫湖水库 6 月以及 8—11 月进行蓄水，其中 8 月蓄水量最多，达到 7807 万 m³；其余月份供水，其中 5 月调节水量最大，达到 10322 万 m³，是当月来水量的 1.25 倍，占总调节库容的 23.95%。可见处于输水长藤中上游的桂家湖水库与处于长藤下游末端的红枫湖水库，蓄水是明显错开的。这是符合各水库来水约束和调度约束以及干渠输水约束的，同时最有效地满足社会经济供水、生态环境供水、发电和防洪的需要。这是长藤结瓜水库群联合优化调度的一大特点。

黔中水利枢纽的核心作用在于调水供水，保障贵阳市和黔中灌区的社会经济需水。水库群在运行调度过程中，采取调水水源水库（即平寨水库）与当地水库联合调度，充分利用当地水库的兴利库容和来水量，并增加复蓄次数的方式，可以减少平寨水库的调水量（多调水会减少调出梯级的发电量）与黔中输水渠道损失水量，达到黔中调水与当地水资源最大化利用的目的。因此发挥受水区水库对调水的调蓄作用也是该工程的关键环节。多年平均平寨水库调水量月过程与《初步设计报告》给出的受水区需调水量月过程的对比情况如图 6.16 所示。可见二者是不一致的，把从平寨水库的调水过程转变成符合受水区需要的过程就靠受水区各水库的调节作用。

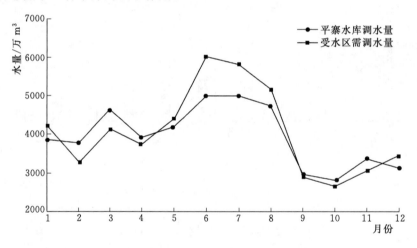

图 6.16　平寨水库调水量与受水区需调水量过程对比（多年平均）

6.7.3　发电量分析

黔中水库群优化调度网络图中共 13 座水库，7 座水电站。其中，普定和引子渡水库的主要应用对象并不在受水区内，两库的一部分来水是平寨水库以下的区间来水，但是为了考虑调水对其发电量的影响，把这两库也纳入了水库群。在黔中水库群优化调度中，普定和引子渡水电站，按照每个电站的平均发电水头和平寨水库的下泄水量计算发电量，没有考虑平寨水库以下的区间来水量，也没有考虑水库群联合调度的要求；其余水电站则完全按照实际来水情况和联合调度的要求进行多目标优化调度，并计算其发电量。

推荐方案下，各水电站不同来水情况下年总发电量见表 6.31，调水与否各电站多年平均发电量比较见表 6.32。水电站群多年平均年发电量为 8.79 亿 kW·h，比无调水情况下减少 28.0%。其中，平寨电站发电量 3.81 亿 kW·h，比无调水情况下减少 29.1%；

调出水量的梯级电站群（包括平寨、普定、引子渡 3 个电站）的发电量受到调水的直接影响，比无调水情况下减少约 32.1%。

表 6.31　　　　　　　　　各水电站不同来水情况下年总发电量　　　　　单位：万 kW·h

典型年	平寨	普定	引子渡	渠首	松柏山	花溪	红枫湖	合计
丰水年	45610	14921	33450	2690	721	1186	6446	105024
平水年	45168	14933	33476	2714	642	876	5585	103394
枯水年	37249	12217	27388	3253	568	727	4204	85606
特枯水年	14443	4830	10827	3097	544	600	2535	36876
多年平均	38104	12570	28180	2772	621	887	4751	87885

表 6.32　　　　　　　　　调水与否各水电站年发电量比较（多年平均）

水电站名称	年发电量/(万 kW·h)		发电量变化量 /(万 kW·h)	发电量变幅 /%
	无调水	有调水（推荐方案）		
平寨	53729	38104	−15625	−29.1
普定	19258	12570	−6688	−34.7
引子渡	43172	28180	−14992	−34.7
渠首	0	2772	2772	—
松柏山	390	621	231	59.2
花溪	882	887	5	0.6
红枫湖	4693	4751	58	1.2
合计	122124	87885	−34239	−28.0

另一方面，受水区部分电站因为调水入库增加了发电水量，发电量比无调水情况增加。①调水进入松柏山水库，使该库的入库水量比当地入库水量大幅增加。因此推荐方案下松柏山电站的多年平均发电量比无调水情况下增加 59.0%。②因为调水进入花溪水库之后直接从水库供给贵阳市或者经过花阿支渠直接调入阿哈水库，几乎不增加发电量。推荐方案下花溪电站的发电量与无调水情况相比几乎没有变化。③调水经麻线河进入红枫湖水库的水量大于 1 亿 m³。红枫湖水库也是从水库直接向贵阳市供水，供水量没经过电站发电。但是这部分调水量进入红枫湖水库缓解了其仅靠当地来水量给贵阳供水的压力，改善了调节方式，提高了发电水头，发电量也有少许增加。

6.7.4　平寨水库来水、调水、供水、下泄及蓄水过程分析

平寨水库不同频率年的来水量过程见表 4.1。对于推荐方案，在受水区不同来水情况下，该库调水及河道下泄过程见表 6.33 和表 6.34，水库水位变化过程见表 6.35。在丰水年、平水年、枯水年、特枯水年、多年平均来水情况下，平寨水库的调水比例依次为 18.7%、23%、31%、56.5%、25.5%，给原河道留下的水量比较多，即使在特别枯水年也大于 40%，调水对河道内生态用水的影响较小。从表 6.33 中可以看出，平寨水库在汛期调水量最多，同时枯水期也保持了不小的调水量，年内调水量过程基本平稳。这得益于平寨水库较强的调蓄能力。黔中水利枢纽输水干渠总长 148.642km，一期工程支渠总长

283.6km。平寨水库平稳的调水量过程，减小了干支渠过水断面面积要求，为大量节省投资创造了条件。从水位变化看，平寨水库一般在5—10月进行蓄水，11月至次年4月利用库中水量增加供水和发电。

平寨水库调水的供水量，丰水年为 29595 万 m^3，平水年为 32770 万 m^3，枯水年为 37491 万 m^3，特枯水年为 40263 万 m^3，多年平均供水量为 33178 万 m^3。

表 6.33　　　　　不同来水情况下平寨水库调水量过程　　　　　单位：万 m^3

典型年	1月	2月	3月	4月	5月	6月	7月	8月	9月	10月	11月	12月	全年
丰水年	4046	3549	4248	3638	4411	4248	4492	2650	2668	2388	3189	2751	42278
平水年	3636	3865	4739	4018	4174	3750	5522	4942	3077	2233	3570	3287	46813
枯水年	4706	4108	4969	4024	4885	5620	5915	5656	3178	3060	4014	3421	53556
特枯水年	5201	4128	5101	4880	5336	5984	5984	5799	3798	3489	3496	4322	57518
多年平均	3867	3770	4643	3916	4198	4993	4992	4739	2963	2800	3371	3144	47398

表 6.34　　　　　不同来水情况下平寨水库河道下泄量过程　　　　　单位：万 m^3

典型年	1月	2月	3月	4月	5月	6月	7月	8月	9月	10月	11月	12月	全年
丰水年	1858	1858	1858	1858	4920	44814	47550	41090	13242	15450	5567	1858	181923
平水年	1858	1858	1858	1858	1857	28584	45880	27012	14648	18365	8815	1858	154451
枯水年	1858	2189	1858	1858	5365	16021	20216	10216	31568	14229	7912	1858	115148
特枯水年	1858	1858	1858	1858	1858	3096	6264	5184	7291	10115	1858	1858	44956
多年平均	1858	1889	1859	2055	5146	23258	31974	23641	22375	14827	4795	1989	135666

表 6.35　　　　　不同来水情况下平寨水库月平均水位变化过程　　　　　单位：m

典型年	1月	2月	3月	4月	5月	6月	7月	8月	9月	10月	11月	12月
丰水年	1329.9	1328.3	1327.5	1328.8	1330.7	1331.0	1331.0	1331.0	1331.0	1331.0	1331.0	1331.0
平水年	1330.2	1328.6	1326.0	1323.5	1322.0	1325.2	1329.7	1331.0	1331.0	1331.0	1331.0	1331.0
枯水年	1330.4	1330.9	1330.4	1329.0	1330.1	1329.7	1329.7	1331.0	1331.0	1331.0	1331.0	1331.0
特枯水年	1329.3	1327.0	1324.8	1322.2	1319.4	1322.4	1328.8	1331.0	1331.0	1331.0	1330.8	1330.0
多年平均	1329.8	1328.5	1326.8	1325.3	1325.2	1327.2	1329.6	1330.6	1330.6	1330.8	1331.0	1330.8

不同频率年下，平寨水库来水、调水、下泄及蓄水水位变化过程如图 6.17 所示。该库多年平均调水量为 4.74 亿 m^3，相比一期工程多年平均调水量设计值（5.50 亿 m^3）模型优化的结果减少了约 0.76 亿 m^3，减少幅度达到 13.82%。这说明水库群优化调度模型充分发挥了当地水库的调蓄能力和渠系的输水能力的作用，对当地水库河流来水量进行了时空优化配置，增加了供水量，从而有效减轻了平寨水库的调水压力。不同来水情况下的调水量过程不同，这是由统一考虑水资源供需平衡和水库群联合优化调度决定的。年调水量总的变化规律是受水区来水量越小、来水频率越高，平寨水库调水量越多。这是符合受水区的需求规律的。来水量越大的年份平寨水库蓄水过程越短，反之，来水量越小的年份蓄水过程越长。

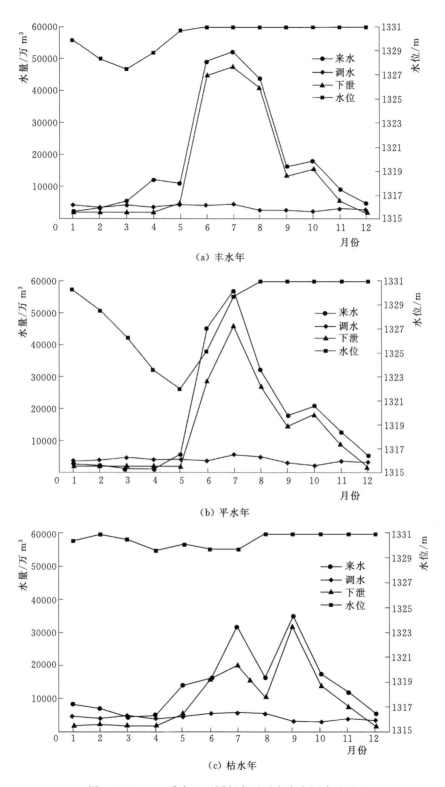

(a) 丰水年

(b) 平水年

(c) 枯水年

图 6.17（一）　受水区不同频率下平寨水库调水月过程

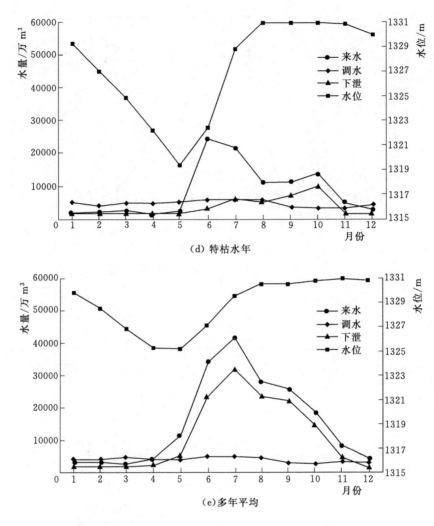

图 6.17（二）　受水区不同频率下平寨水库调水月过程

6.7.5　干渠关键节点过水量

干渠节点（水库）过水量包括通过该节点向各单元和水库的供水量以及流入下游输水干渠的水量，不包括水库节点向下游河道的下泄水量。推荐方案下，黔中调水工程输水干渠各关键节点的年过水量及月最大过水量见表 6.36。

表 6.36　　　　　　干渠关键节点年总过水量及月最大过水量　　　　　　单位：万 m³

关键节点	太落分水口	桂家湖水库	革寨水库	东大分水口	麻线河分水口	凯掌水库
丰水年	34511	30065	27442	27438	23445	3822
平水年	38489	32802	29141	29138	24952	4574
枯水年	44475	36443	30282	30278	25828	4534
特枯水年	47772	37471	30125	30121	25550	4228
多年平均	38974	33045	28935	28932	24735	4296
月最大过水量	4901	3942	3359	3358	2897	538

从表 6.36 可以看出：①受水区越是枯水年份各节点的年过水量越大；②从上游往下游干渠节点的年过水量和月最大过水量就越小。另外在麻线河分水口由调水干渠供向凯掌水库的水量明显小于下放到麻线河流入红枫湖水库的水量（约 1.73 亿 m³），这主要是由于麻线河输水损失小、红枫湖调节库容大、调节能力强等原因所致。

6.7.6 受水区水库及干渠分水口供水情况

水库的年总供水量为其直接向各单元的供水量之和，但不含向下游水库和输水干支渠的供水量。水库供水量为供到各计算单元的水量，即不含输水损失。受水区各水库的年总供水量见表 6.37。根据黔中水利枢纽设计，2020 年调水不到鹅项水库，该库做不供水处理。可见，由于各水库的调节库容与供水能力及各单元的需水量等多方面存在差异，各水库总供水量差异明显。

表 6.37　　　　　　　　各水库年总供水量（直接供单元）　　　　　　单位：万 m³

典型年	桂家湖	高寨	大洼冲	凯掌	花溪	阿哈	红枫湖	合计
丰水年	1350	3257	881	269	5437	6155	37660	55009
平水年	1275	3318	923	323	6005	6257	36990	55091
枯水年	1201	3247	950	319	6005	6222	37025	54969
特枯水年	1102	3204	1196	381	5685	6189	37325	55082
多年平均	1234	3332	947	308	5780	6144	37327	55072

红枫湖水库是受水区调节库容与供水能力最大的水库，不同来水情况下的供水过程见附表 6。其丰、平、枯、特枯水年份年总供水量分别为 37660 万 m³、36990 万 m³、37025 万 m³、37325 万 m³ 多年平均供水量为 37327 万 m³。其他各水库详细供水情况见附表 1～附表 5。各水库向各对象的供水量见附表 7。

干渠通过各分水口向黔中地区提供调水量。不同频率下，各分水口的供水量（同样不含输水损失）见表 6.38，向各对象的供水量见附表 8。

表 6.38　　　　　　　干渠各分水口年总供水量（直接供单元）　　　　单位：万 m³

分水口	龙四分水口	太落分水口	小鹅分水口	革寨 1 号泵	东大分水口	麻线河分水口	渠尾分水口	合计
丰水年	4682	7839	2678	538	2262	2385	29	20413
平水年	4895	8946	3670	113	2345	3165	29	23163
枯水年	5134	10313	4082	335	2418	4013	93	26388
特枯水年	5505	11321	4434	169	2462	4163	50	28104
多年平均	4951	9214	3528	309	2335	3203	48	23588

6.8　水库群优化调度方法及模型在运行阶段的可用性分析

6.8.1 水库群优化调度在规划设计和运行阶段的特点

水库群优化调度在规划设计阶段的特点与其运行管理阶段的特点有所不同。

1. 在规划设计阶段的特点

(1) 优化调度的条件或情形及其调度结果都具有众多可选性、设想性、不实际性（唯有推荐方案及其调度结果将来可能实现）和可变性。在规划设计阶段，规划设计对象无论是一个还是一群，其工程决策研究正在进行中，区域或工程规划方案的目标、工程规模和参数、各分项工程和配套工程的布局和组合处在设想和优选比较过程中，往往设想了许许多多的方案或情形。有关部门需要知道不同情形下水库群优化调度的结果，要了解每一方案的各个方面和不同来水情况下的调度结果，以便用于检验和比较方案目标的可实现性与合理性，工程规模和参数设计的合理性、各分项工程和配套工程的布局和组合是否协调等，一旦发现问题及时调整。可变性是指规划的方案在未来某一时刻只要还没有完全实施，就可能被改变。调度条件和调度结果都将随之改变。

(2) 优化调度的时间尺度较长，只要求调度结果基本正确和符合实际，不要求很高的精度。水库群优化调度的时间尺度为中长期，反映的是每个时段（月或旬）初、末的水库状态与供水决策，不是具体的实时调度操作过程，主要关注的是年尺度上（多年平均及典型年）的计算结果，以便预知论证工程实施的可行性与预期效益；不关注旬以下时间尺度的调度运行操作和实时纠错过程，也不需要较短时间尺度的、高精度的详细调度结果。这是由于特点（1）所决定的。

2. 在运行管理阶段的特点

(1) 优化调度条件是明确的。不仅水资源系统和水库群是确定的，而且各种工程参数也是确定的。生活、生产和生态环境对调度的要求（包括河道内及河道外的要求）是明确的，例如，有多少人口需要生活供水、有多少工厂需要供水、有多少灌溉面积需要供水、某段河道什么鱼类需要多高的水位及流速等都是明确知道的，尽管有的会受来水变化的影响。

(2) 优化调度的时间尺度较短，调度结果好坏直接关系着实际效益，要求精度高，关注详细的调度过程结果和各时段调度操作。调度面临的是水库每一时刻的运行决策，需要根据当时的来水和需水情况以及短期预报情况、发电要求来实时修正调度命令，从而做出每个短小时段的决策。运行过程中，水库的状态不断发生变化，人们更加关注每时每刻水库该如何控制蓄（放）水量，对时段决策的正确性和精度远比规划阶段高，力图通过不断的短期精准优化调度决策实现长期调度最优。

(3) 运行阶段也需要中长期优化调度，其成果是中长期调度计划。短期优化调度需要以中长期调度计划为指导或参考。运行阶段的中长期优化调度虽然与规划设计阶段的中长期优化调度存在诸多不同，但是只要整个工程系统未发生变化，如来水的水文规律、需水要求等不变，则可以用同样方法率定参数，输入所建立的水库群优化调度模型，根据实际信息动态地运用该模型进行中长期优化调度，获得优化期每个水库各月末的最佳蓄水状态。再以相应优化期末最佳蓄水状态作为短期优化调度的调控约束，进行短期优化调度（一般带有来水和需求预报），以便获得较佳的实际运行调度效益。

第3章 3.7.2节关于模型发电线性化方法的介绍中提到 $\Delta V_{t,k,l}$ 参数的率定。这些参数关系到模型运行过程中的稳定性，下一小节将分析对于同一系统中率定的参数在运用时对发电结果的影响。

　　运行管理阶段水库群中长期优化调度与短期或实时优化调度的衔接细化。可以根据运行阶段的实际预测预报能力和调度运用的需要，将水库群中长期优化调度中的决策时段再细分成若干短小时段。嵌入短期预报调度模型进行短期优化调度（以中长期优化调度的某些成果作为约束）和短期决策。只要短期优化调度决策后的系统状态没有超越相应约束值，就不一定需要重新进行中长期优化调度。经若干次短期优化调度决策后，信息和效果变化累积到一定程度，就可采用本模型进行一次年周期优化调度，给出新的中长期最优调度计划。在此中长期调度计划下，站在新的月起点，进行若干次短期优化调度决策，再进行年周期优化调度。这样就可以将短期优化调度与中长期优化调度有机地结合起来，不断地进行下去。

6.8.2　30 年系列率参应用于后 10 年系列的模拟结果分析

　　根据 3.4 节和 3.7 节的理论与方法，以前 30 年（1968—1997）的实际数据多次运行模型以达到 $\Delta V_{t,k,l}$ 的稳定，从而运用稳定后的 $\Delta V_{t,k,l}$ 对后 10 年（1998—2007）的数据进行模拟，对比前 30 年、后 10 年运行模拟的来水量、总需水量、总供水量、总缺水率及总发电量的结果（现实价格情景下，生态环境需水量情景 4），分别见表 6.39 和表 6.40。

表 6.39　　　　前 30 年系列率定的参数应用于后 10 年的结果对比 （多年平均）

项　目	单位	前 30 年系列	后 10 年系列	相对差/%
平寨水库调水量	万 m³	46689	48272	3.39
受水区水库总来水量	万 m³	148846	129536	−12.97
总需水量	万 m³	78488	80360	2.39
总供水量	万 m³	78431	80161	2.21
总缺水率	%	0.073	0.248	—

表 6.40　　　　前 30 年系列率定的参数应用于后 10 年的发电量对比 （多年平均）

电站	前 30 年系列/(万 kW·h)	后 10 年系列/(万 kW·h)	相对差/%
平寨	39156	34265	−12.49
红枫湖	4754	4351	−8.48
电站群	90816	80294	−11.59

　　对比结果说明，虽然两个实测长系列的来水量有差别，采用前 30 年数据系列作为模型输入数据所率定的参数运用于后 10 年数据系列所得到的各项调度模拟结果差别不大，没有出现异常，都是合理的，说明该方法较为可行。

6.8.3　40 年系列率参应用于随机模拟系列的模拟结果分析

　　以 40 年（1968—2007）的实际数据多次运行模型以达到 $\Delta V_{t,k,l}$ 的稳定，运用稳定后的 $\Delta V_{t,k,l}$ 对随机模拟生成的 500 年系列数据进行模拟，对比 40 年、500 年水库群调度运行模拟的总供水量、总缺水率及总发电量的结果（现实价格情景下，生态环境需水量情景 4），分别见表 6.41 和表 6.42。

表6.41　　　　　　　40年系列率参应用于500年的结果对比（多年平均）

项　目	单位	40年系列	500年系列	相对差/%
平寨水库调水量	万m³	47398	46722	−1.43
受水区水库总来水量	万m³	141062	132815	−5.85
总需水量	万m³	78956	78951	−0.01
总供水量	万m³	78660	78660	0.00
总缺水率	%	0.376	0.370	—

表6.42　　　　　　　40年系列率参应用于500年的发电量对比（多年平均）

电站	40年系列/(万kW·h)	500年系列/(万kW·h)	相对差/%
平寨	38104	39074	2.55
红枫湖	4751	4722	−0.61
电站群	87885	89810	2.19

对比结果可以看出，采用40年实际数据系列作为模型输入数据所率定的参数运用于随机模拟生成的500年数据系列所得到的调度模拟结果差别不大，同样没有出现异常，都是合理的。

推理分析和实际模拟验证具有这样的认识：当整个系统来水规律、水文特征保持稳定，工程布局不变，需用水结构与规模不变时，就可以认为是同一个系统，通过一段长系列率定的参数，就可以应用于该系统后来年份的调度运行。实际上系统内部的稳定体现在模型参数的稳定上，系统不变则参数不变，如果系统内部发生变化（例如工程布局、需用水结构与规模等改变），则需重新率定参数。率定参数的工作量相对较小，获得新的稳定参数后，就可以再次运用该模型进行水库群优化调度。

不同长度来水系列的调度应用表明，所研发的模型是可以应用于运行阶段的中长期调度的。必要时，可以把优化期的决策时段进一步缩短，便于嵌套实时水情预报、需水预报、需电预报等，从而收到长短期调度有机结合的效果。

6.9　黔中水库群多用途优化调度方案归纳分析

现就黔中水库群多用途优化调度结果从以下3方面加以归纳总结。

1. 非劣解分布不均匀

从水价与电价的比例关系入手，在充分大的价格空间中研究了黔中水库群多目标优化调度方案集和非劣解的分布规律。非劣解并非均匀分布，当电价与农业水价之比处于相对较低的范围内时，非劣解集中于总供水量大的一端；当电价与农业水价之比达到某一数值之后，总供水量将逐渐减少，总发电量将逐渐增加，非劣解呈散状分布。在现行价格体系附近范围，非劣解处在总供水量大的一端，需水满足程度高。

2. 各生态环境需水量情景的调度结果异同

在现行价格方案下，针对4个生态环境需水量情景做了水库群多用途优化调度研究。

长系列调度的多年平均统计结果表明，4 个情景的多年平均供水和发电效果基本相同，总经济效益也相同；总缺水率都小于 0.5%；水电站群的总发电量在 8.77 亿~8.81 亿 kW·h 之间；平寨水库调水量在 4.69 亿~4.76 亿 m³ 之间；各情景调度过程完全符合防洪安全要求。但是，4 个情景的水库实际下泄的河道内生态环境水量过程不同，在最小流量大小、下泄过程与天然过程的相似度、生态敏感期高峰流量等方面有明显的区别。情景 4 综合最优，予以推荐。

3. 情景 4 的主要调度结果

（1）受水区多年平均供水量为 7.87 亿 m³，其中农业供水量 1.73 亿 m³，非农业供水量 6.14 亿 m³；总缺水率、农业缺水率、非农业缺水率分别为 0.38%、1.69%、0%；来水频率 50%、80%、95% 的情况下总缺水率分别为 0%、0.07%、3.33%。

（2）水电站群多年平均发电为 8.79 亿 kW·h。

（3）多年平均、来水频率为 50%、80%、95% 的情况下，平寨水库调水量分别为 4.74 亿 m³、4.68 亿 m³、5.36 亿 m³、5.75 亿 m³，供水量分别为 3.32 亿 m³、3.28 亿 m³、3.75 亿 m³、4.03 亿 m³。

（4）优化调度充分发挥了当地水库来水量的供水作用，多年平均、来水频率为 50%、80%、95% 的情况下的供水量分别达到 4.55 亿 m³、4.58 亿 m³、4.39 亿 m³、4.29 亿 m³。

（5）多年平均、来水频率为 50%、80%、95% 的情况下，水库群实际下泄给河道内生态环境的总水量分别为 23.51 亿 m³、25.69 亿 m³、20.80 亿 m³、9.01 亿 m³。

（6）在水文情势方面，除特别枯水情况外，优化的水库下泄流量过程与天然流量过程保持了相似性；在特别枯水情况下，优化的水库下泄流量过程改变了天然流量过程中某些时段流量很小、对生态环境极为不利的情形。总之，优化的水库下泄流量过程有利于河道内和滨河动植物的繁殖和生长。

（7）优化调度根据每一水库所处位置、来水量和调节库容等情况，安排蓄放水过程，并适当加快了蓄放频次，提高了总调蓄量，增加了当地水库来水的供水量，减少了平寨水库调水量，从而减少了发电量损失。

黔中水利枢纽智能监控网络技术

第7章

第7章至第11章是智能监控技术研究与应用篇，采取的是直接针对应用案例（黔中水利枢纽工程）的实际特点和需要的研究方式。

本章概述了黔中水利枢纽工程的智能监控网络，研究了智能监控网络的拓扑关系、通信网络的功能要求、网络结构及组网技术。

7.1 智能监控网络概述

黔中水利枢纽工程智能监控系统信息传输依靠通信网络来实现。由于通信质量直接影响信息传输的正确性、时效性、安全性和可发展性以及信息化建设的投资规模等，因此，传输网络的规划和设计对于智能化监控系统来说是头等重要的事情。

由于地形比较复杂，工程面积较大，通信建设有一定困难，如何保证各监测数据采集的即时性有一定的困难，智能监控的通信建设必须因地制宜采取多元化的通信方式，从而保证监测数据的即时传输，为集控中心对闸控工程的水量调度提供有力的数据支持。

通过传输及网络系统建设，构建智能监控系统信息传输、信息交换和信息存储的网络平台。根据信息量和信息的重要性建设传输和计算机网络。

7.2 智能监控网络拓扑

闸站、闸阀站、渡槽监计算机网络系统通过新建专用的光纤网络，同各自的分控中心连接，骨干网采用环型1000M的工业以太网，通过环冗余协议（Turbo Ring）；能实现当网络出现单点故障时在极短时间内启动环中的备份链路，使网络的单点故障对网络整体的通信无任何影响，提高网络的可靠性。

系统所需光缆沿输水管线敷设。各电站、闸房、分控中心、总调中心之间采用综合通信系统连接。

在该系统中，按各闸站所处地理位置各自组环，接入各站所对应的分控中心。黔中水利枢纽工程智能监控系统中心站、分中心站的网络拓扑关系如图 7.1 所示。

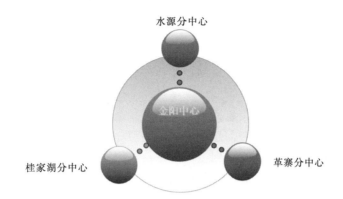

图 7.1　黔中水利枢纽工程智能监控网络示意图

7.3　通信网络功能要求

在智能监控系统中，通信网络起着至关重要的桥梁作用，即将现地观测站点获得的各种信息传输到各级管理中心或分中心，再将各级管理中心或分中心的分析结果和控制指令发送到现地控制站点，使监控得以有效实现。智能监控系统通信网络有专门的功能要求和通信方式。

随着通信技术的发展和成熟，有多种通信方式适用于智能监控系统，如光纤通信、微波通信、载波通信、有线电话、无线扩频通信、无线超短波通信和移动通信等。无论采用哪一种通信方式，都应该保证通信链路的安全、可靠、高效、经济实用和易于扩展。

工程内所有信息需要汇集到信息分中心，信息分中心可以看到所有水情监测点的水位、闸位等数据，可通过网络调取全部数据。本次智能监控系统建设需要建设各监控分中心及中心站之间互联的骨干网络，将各中心的计算机连接成一个统一的网络，同时将所有闸、阀等监控信息的通信传输及监测网络都整合到此网络中，建立数据传输业务平台，对实时采集数据提供传输通道；同时也为业务应用子系统、闸控工程地理信息子系统等信息化系统建立网络平台。

1. 数据传输

传输的数据包括水位流量、闸门开度、闸门监控等信息。每次发送的数据包长度一般不超过 16 个字节，数据速率一般为 1.2～9.6Kbps。

2. 网络数据

局内计算机局域网的数据流量主要取决于网内计算机的数量和上网的频度以及使用业务系统和应用系统的数据流量。该系统对网内每台计算机动态分配 IP 地址，提供 10M/100M/1000M 以太网接口。因此，骨干通信网的带宽主要取决于局域网数据传输的带宽。

7.4 通信网络结构

7.4.1 通信网络结构方案描述

通信网络由黔中智能监控工程广域网、综合信息中心局域网、3个分中心局域网和黔中外部网组成。

在物理上，广域网通过综合信息网络中心连接3个内部节点和1个外部节点。

局域网包括4个局域网：综合信息中心局域网和3个分中心局域网。

黔中外部网通过专线连接到互联网（Internet）。

从系统总体结构来看，存在着三类物理界面：

（1）通信系统和计算机网络系统之间的界面。

（2）计算机网络系统和决策支持系统之间的界面。

（3）信息采集系统和计算机网络系统、应用软件系统三者之间的界面。

1. 通信系统和计算机网络系统之间的界面

通信系统的任务是为计算机网络和其他各种通信（语音、图像、图形、数据）提供透明信道。

计算机网络系统的广域网利用通信系统提供的信道，按一定的协议组合成网，完成信息传输。这两个系统通过路由器实现互联，之间的物理界面在路由器的通信系统一侧，如图7.2所示。

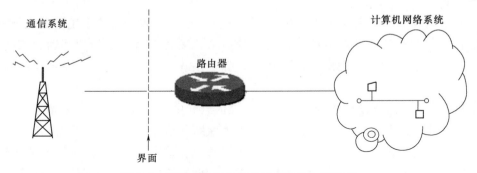

图 7.2　通信系统和计算机网络系统之间界面

2. 计算机网络系统和综合信息管理系统之间的界面

计算机网络系统与综合信息管理系统（即应用软件系统）之间的关系如图7.3所示。计算机网络系统为有关各部门的应用软件运行提供网络环境。两系统的界面划分在物理网段上工作的计算机的网卡。网卡及其互联的缆线、联网设备、网络服务器属于计算机网络系统。除了网卡以外的计算机硬件、软件平台及其上的数据库和各种应用软件都属综合信息管理系统。

3. 信息采集系统与应用软件系统、计算机网络系统间的界面

计算机网络系统和信息采集系统都与业务数据库密切联系。信息库是中心机从星形网上接收到的信息的数据存储存放处，由信息采集完成入库处理。应用软件系统从库中取出信息进行后续处理。信息采集与综合信息管理、计算机网络系统间的关系如图7.4所示。

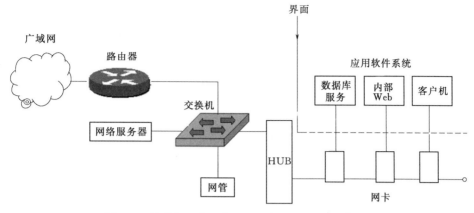

图 7.3 计算机网络系统与综合信息管理系统的界面

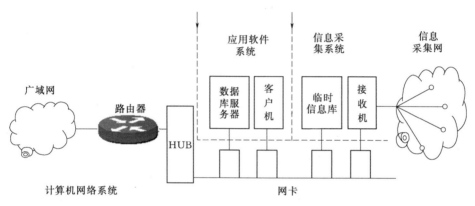

图 7.4 信息采集与综合信息管理、计算机网络系统间界面

通信系统部分：通信系统是信息化系统的重要组成部分，是信息传输的生命线。建设一个先进实用、稳定可靠的通信服务环境才能保障各种业务的通信畅通。

该工程的通信系统由传输水情信息通信网，传输各种数据、图像、视频信息的骨干通信网和话音通信系统组成。

黔中水利枢纽工程属于大型水利工程，渠系覆盖面积比较大，因此，必须根据不同级别的信息流特点采用实用、可靠、经济的方式。

考虑通信技术的现状和发展，结合工程实际情况，经过初步的信息流量和带宽要求分析，确定采用自建光纤链路为主通道，GPRS 通道为备用通信通道。

该系统共设有水源、桂家湖、桂松干渠 3 个环。环上闸站间光纤采用跳接方式。各闸站（含 21 个闸站、34 个闸阀站、6 个漕渡）按所处地理位置各自组环接入各分控中心。除上述 3 个环外，另有平寨和渠首两个电站（六盘水）以及革寨 1 号泵站和革寨 2 号泵站（安顺）需要接入。网络分为三层：核心层、接入层和现地层。

7.4.2 管理中心、分中心计算机网络建设方案

局域网结构设计：根据局域网设计的原则，分中心的局域网可以采用星型和层次型两种结构，我们将对这两种结构的特点进行比较分析，采用最合适的拓扑结构。经过比较分析，采用层次结构。在这种结构中，核心层是网络的高速交换主干，对协调通信至关重

要，提供了高可靠性、冗余连接、故障隔离、并迅速适应升级，提供较少的滞后和好的可管理性。分布层主要承担策略管理、部门或工作组级访问，实现 VLAN 路由选择等安全措施。访问层为用户提供对网络中本地网段的访问。

黔中水利枢纽智能监控系统网络总体框架如图 7.5 所示。

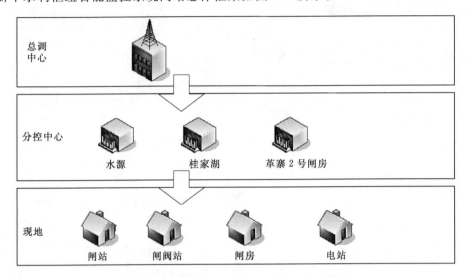

图 7.5　智能监控系统网络总体框架示意图

7.4.3　中心、分中心局域网组网技术

网络布线是信息系统构成的基础。为了适应今后 5 年内信息技术及其应用的可能发展趋势，网络布线必须提供足够的带宽，以便在业务应用大幅发展的情况下，不会成为制约发展的瓶颈。主干线路速率大于等于 1000Mbps，分支速率大于等于 10M/100Mbps。

目前局域网有以下技术可供选择：Ethernet、Fast Ethernet/Switching Fast Ethernet、FDDI、ATM、千兆位以太网。

经综合考虑，就目前能够预计到的情况来说，初步推荐内、外部局域网均选择千兆以太网作为主干线路配置是比较合适的，分支线路能够提 10M/100Mbps 的速率就足以应付未来 5 年内的发展可能。

由于管理中心网络为关键应用，业务资源数据流量比较大，建议网络中心主干线路采用千兆以太网体系，即中心交换机到主要服务器楼层交换机之间的连接以及与中心交换机之间采用千兆连接，与楼层交换机除了提供 10M/100M 到桌面的连接外，还要提供到各个服务器的百兆连接。中心交换机选用带有可靠的三层交换能力，保证网络的高交换性能；并支持 802.1Q 协议，以 VLAN 方式接入 IP 城域网。由于分中心信息点不多，各楼层桌面可直接与中心交换机相连。

中心与分中心（或应用办公 OA）计算机网络的拓扑关系如图 7.6 所示。

7.4.4　现地站点网络建设方案

根据对局域网组网结构和组网技术的分析比较，同时考虑到接入的可靠性，需要提供一定的容错接口。建议采用层次型网络结构，桌面 PC 和服务器、工作站接入采用 10/100M 带宽，保证网络系统的高性能运行。

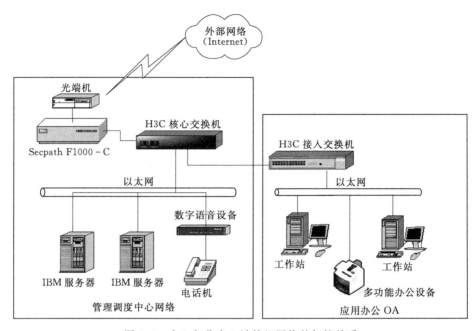

图 7.6　中心与分中心计算机网络的拓扑关系

　　根据对局域网组网结构和组网技术的分析比较，同时考虑到接入的可靠性，需要提供一定的容错接口。本研究采用层次型网络结构，桌面 PC 和服务器、工作站接入采用 10/100M 带宽，保证网络系统的高性能运行。站点结构如图 7.7 所示。

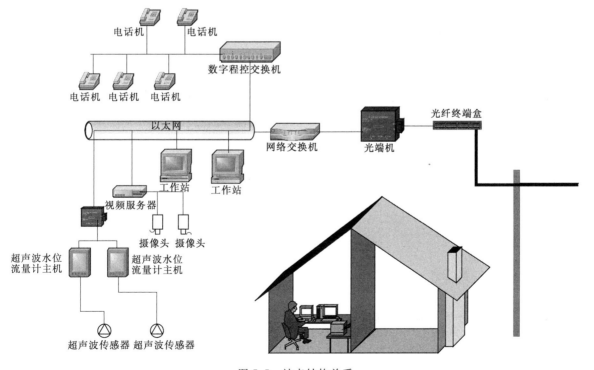

图 7.7　站点结构关系

黔中水利枢纽图像 视频系统

第8章

本章概述了黔中水利枢纽的图像视频系统，研究了图像视频系统的总体设计方案以及分控中心、渡槽、闸站、闸阀站、电站、泵站等分项工程的图像视频系统；还研制了图像视频系统平台软件。

8.1 黔中水利枢纽图像视频系统概述

在黔中水利枢纽智能监控系统中，图像视频系统与灌区工程设备同步投入，建成后可以达到无人值班、少人值守的要求。但黔中水利枢纽具有地域分布较宽、运行设备较多等特点。在运行人员较少的情况下，要有效地保障灌区安全可靠的运行，就必须采用图像视频系统作为自动化监控系统的补充，实现对灌区运行情况的全方位监控管理。通过在工程主要位置设置图像监测点，使运行人员能直观地看到工程及设备的运行状况，对工程运行安全和设备财产的安全起到辅助的保障作用。视频监视摄像点设置在工程的关键部位，如干渠进口、泵站前后池、泵站机组及主要阀室等。

生产运行人员在调度中心、分中心及本地的监控中心通过现有的网络对所属干渠实现远程实时视频监控、远程故障和意外情况报警接收处理，可提高灌区运行和维护的安全性和可靠性及工作效率，并可逐步实现全网的可视化监控和调度，使生产、调控运行更为安全、可靠。

8.2 图像视频系统总体设计研究

为满足该系统需求，确定摄像机布置原则、视频存储原则、视频控制原则、视频显示原则如下：

（1）摄像机布置原则。主要泵、阀门、流量计等均在监控范围之内，且能进行局部放大。

（2）视频存储原则。存储安全、可靠、方便维护管理、性价比高。

（3）视频控制原则。调度中心、分中心用户可以根据需要对前端摄像机进行控制，并且不能互相冲突。

（4）视频显示原则。图像清晰稳定，分辨率达到 4CIF 标准，可以在监视器上实现多画面浏览、多画面轮巡，历史图像显示。

该工程需要一套先进的、防范能力较强的综合性集成防范系统，可以通过远程摄像机及其辅助设备（镜头）直接观看需要监视的场所的现场情况，可以把被监控场所的图像内容、声音等同时传输到监控中心，使被监控场所的情况一目了然。基于 IP 网络的图像视频系统适应了视频监视的发展趋势，具备传统模拟视频监控的所有功能，解决了传统视频监视系统规模较小，难以扩容的问题。视频、音频信号和全部数据都采用数字化方式在 IP 网络上高速传输，用户可以从视频网络上的任意一点查看任意一台摄像机的监控实况和录像。系统采用标准的网络设备能大大节省用户投资，而且可扩展性强、适应大规模部署和应用。

该系统采用的智能监控整体解决方案，包括网络高清摄像头、网络传输设备、网络存储设备（NVR）、视频监控管理设备、大屏显示系统、专业的 IP-SAN 存储服务器，配之以良好的人机交互界面，便构成了以计算机为核心的数字式监视报警系统。

设计的摄像机像素为 200 万，码流大小为 2M，存储格式为 720P，存储码流为 2M，存储周期为 30 天，720P 传输带宽要求为单路 2M。

智能 IP 图像视频系统是基于 TCP/IP 网络的信息传输和管理系统。系统以网络集中管理为理念，采用 C/S 架构，运用先进的 H.264 视频编/解码技术，以专业的视频专网为传输手段，可以实现视音频编解码设备和用户的集中管理，完成视音频信息采集、储存和网络传输。

8.2.1 图像视频系统网络框架

该工程图像视频系统采用开放式、分层分布式结构，共分三层：

第一层为总调中心（不在该工程范围内）。

第二层为三个分控中心。

该工程在水源（平寨）、桂家湖、革寨 2 号泵站设有图像视频系统的分控中心。分控中心与各自归属的现地站通过计算机网络系统（不在该工程范围内）连接，同时各分控中心预留与总调中心的视频接口。

第三层为现地站，其中平寨电站、渠首电站、革寨 1 号、2 号泵站为大型水利工程，监控点相对较多，在各站建立本地视频监控平台，采用平台级联方式与分控中心相连；10 扇液压启闭机、25 扇卷扬式启闭机、41 个闸阀站监控点相对较少，前端网络摄像机直接通过计算机网路将视频信息传输至分控中心，本地配置 NVR 与液晶显示器实现本地视频存储与浏览。

图像视频系统网络框架如图 8.1 所示。

8.2.2 视频系统网络构架配置

图像视频系统的配置包括视频采集、视频存储、视频显示、管理平台以及传输网络五大部分。图像视频系统的架构配置如图 8.2 所示。

1. 图像视频采集

视频采集采用 200 万网络红外摄像机实现，图像分辨率为 1280×720，摄像机基于网

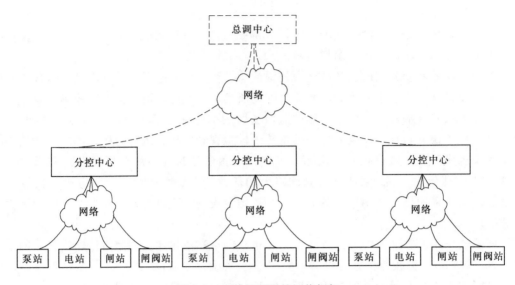

图 8.1　图像视频系统网络框架

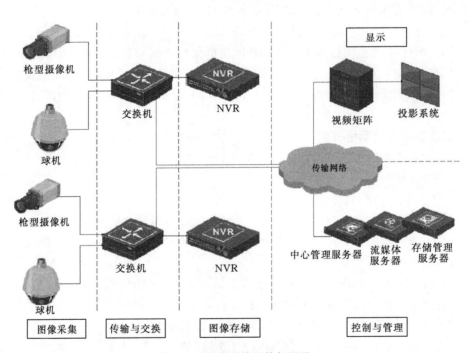

图 8.2　视频系统的构架配置

络的传输方式，传输带宽要求为 2M，支持红外功能，支持 H.264 编码功能，支持 3D 数字降噪，具备 IP66 防水防尘级别，能更好地适应现场恶劣的监控环境。

2. 图像视频存储

存储设备根据需求以分布式的方式进行存储，前端视频存储采用嵌入式硬盘录像机进行存储，录像分辨率为 1280×720，录像码流为 2M，帧率为 25 帧/s，存储设备可接入 500 万像素及以下分辨率的 IP 摄像机接入，监控平台采用磁盘阵列实现视频的集中存储，嵌入式硬盘录像机、磁盘阵列可以由统一管理平台下的存储管理服务器进行统一管理，实现录像回放、录像下载、图像预览等功能。

3. 图像视频显示

视频显示采用电视墙拼接系统进行显示，分控中心配置电信级的高清解码单元，实现前端视频流上墙显示功能，电视墙系统采用拼接大屏方式实现，显示分辨率达 1366×768，实现单画面整屏拼接显示、多画面分割、图像开窗、漫游等显示功能，同时通过高清解码单元的 VGA \ RGB 等各类输入板卡，可实现第三方系统 VGA \ RGB 信号上墙显示功能。

拼接屏平均无故障工作时间 $MTBF > 60000h$。

4. 管理平台

管理平台包括专用的管理服务器、存储管理服务器、磁盘阵列存储设备、客户端。

管理服务器是用于集中认证、注册、配置、控制、报警转发控制的专用信令服务器，可以实现完善的视频编解码设备网络管理功能。

存储管理服务器主要功能为管理存储设备、存储资源和视频数据，支持对系统所有存储资源进行全方位的监控和管理，支持不间断的视频检索、回放等业务。

磁盘阵列存储设备，主要功能为实现前端重要视频录像的备份存储。

客户端可以提供友好方便的人机界面功能，包括监控对象的实时监视监听、查询、云台控制、接警处理，并集成了基本的 GIS 功能方便用户操作。

5. 传输网络

泵站、电站、闸站、闸阀站以及分控中心均配置视频接入交换机，前端摄像机通过网线或光纤方式，将前端信号接入视频接入交换机，再由视频接入交换机统一接入该工程计算机网络系统，该网络系统采用开放式的 TCP/IP 协议的 IP 承载网，由此网络实现视频信号和控制信号的传输。

8.2.3　图像视频系统总体结构研究

黔中水利枢纽图像视频系统的总体结构如图 8.3 所示。图像视频系统共有约 150 个监控点，分布在黔中水利枢纽一期工程各水利设施上。各站网络高清摄像机通过光纤收发器的方式传输到本地监控室内交换机，实现与本地监控室网络的互联互通，采用网络存储设备 NVR 进行存储，部分本地根据需要部署客户端，实现本地预览、回放、摄像机管理等，并通过光纤网络同分控中心的高性能交换机连接。

分控中心设置管理服务器、存储管理服务器、流媒体服务器、磁盘阵列存储设备、客户端、高清解码单元及大屏显示系统。

该工程采用现地和分控中心各自存储的原则，根据管理主机的调度，分成实时流和存储流。一路存储流按事先设置的存储策略进行存储到本地的 NVR 存储设备；另一路实时流管理服务器的调度，通过流媒体服务器转发到监控中心的客户端进行预览，转发到 IP SAN 存储设备进行备份存储，转发到显示大屏进行视频图像显示。

授权监控人员通过 Web 客户端可在管理服务器的授权下，通过网络对前端高清网络摄像头进行设备管理，存储策略设置及用户的配置等，包括对连接到各设备上的报警输入输出及报警的联动策略进行配置。通过 Web 上的云台控制按钮可以对每个前端的摄像机

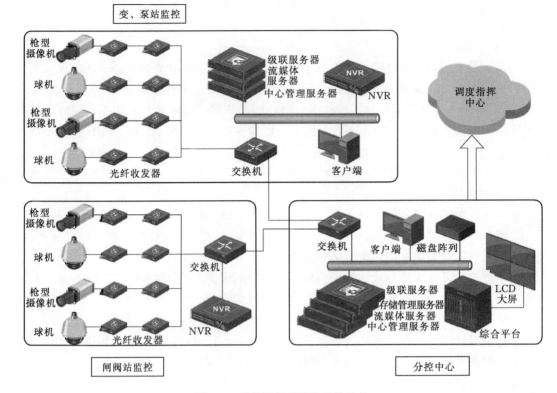

图 8.3　图像视频系统的总体结构

的云台进行控制。分控中心可以管理其所辖区域内所有的视频监控信息，各监控站点在分控中心授予的权限下，管理各站点内的视频监控信息。

8.2.4　图像视频系统对外接口研究

　　该系统预留和总调中心图像视频系统的接口，同时预留与综合信息管理系统的接口，可以被综合信息管理系统将信息接入，实现在统一综合信息管理平台上实现视频信息的展示。

8.3　分控中心图像视频系统研究

8.3.1　分控中心图像视频系统概述

　　该工程在桂家湖、水源、革寨 2 号泵站设有图像视频系统的分控中心。分控中心与各自下辖的现地站采用环型或星形网络连接。依据管理原则，将现地站通过光纤连接到各自归属的分控中心。分控中心视频系统结构如图 8.4 所示。

　　分控中心是整个系统的控制管理中心，通过该平台能完成整个视频图像资源的联网图像的调度看、查、管、报警等功能。分控中心由平台软件、服务器、工作站、以太网交换机、视频打印机、视频解码矩阵、投影系统、磁盘阵列以及第三方系统、上级调度指挥中心接口等组成。同时分控中心也需布设前端摄像机，对分控中心及周边的环境进行实时监视。

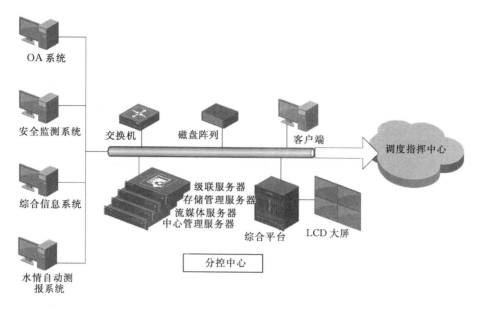

图 8.4　分控中心视频系统结构

分控中心同时部署门禁系统和电子围栏系统，与分控中心图像视频系统联动，实现分控中心周界的防盗报警。门禁系统由非接触式卡、发卡机、感应器、控制器、电锁、通信转换器、继电器、门禁管理软件等组成；门禁系统按 2 扇单门、5 扇双门的数量考虑。门禁控制器采用凭卡进门、按按钮出门的控制方式。脉冲电子围栏系统由脉冲电子围栏主机和脉冲电子围栏前端组成。脉冲电子围栏主机是产生和接收高压脉冲信号，并在脉冲电子围栏前端处于短路、断路状态时能产生报警信号的设备。脉冲电子围栏前端系由防区终端受力杆、防区区间受力杆、防区区间支撑杆、绝缘子及金属导线等构件组成的有形周界。脉冲电子围栏前端应能传导高压脉冲信号，并对入侵者产生威慑、阻挡作用。脉冲电子围栏防护范围按 300m 长度考虑，划分为两个防区。

8.3.2　分控中心图像视频系统功能

系统应能实现不同设备及系统的互联、互通、互控，实现视音频及报警信息的采集、传输/转换、显示/存储、控制；进行身份认证和权限管理，保证信息的安全；应能与报警系统联动，并提供与其他业务系统的数据接口。主要包括：

1. 远程控制

应能通过手动或自动操作，对前端设备的各种动作进行遥控；应能设定控制优先级，对级别高的用户请求应有相应措施保证优先响应。

2. 存储和备份

IP SAN 存储设备可完成对前端视频录像备份存储的功能，同时可通过客户端完成录像下载、回放等功能。

3. 历史图像的检索和回放

应能按照指定设备、通道、时间、报警信息等要素检索历史图像资料并回放和下载；回放应支持正常播放、快速播放、慢速播放、逐帧进退、画面暂停、图像抓拍等；支持回放图像的缩放显示。

4. 前端编码器支持双码流

满足实时监控流和存储流可以采用不同的编码方式、清晰度和带宽，以满足必要的实时监控和存储策略，如支持实时监控流采用 H. 264 编码。

5. 报警管理

（1）报警的接收和分发。应能接收报警源发送过来的报警信息，根据报警处置策略将报警信息分发给相应的系统、设备进行处理。报警源包括前端报警（探测）设备/报警子系统、监控设备的视频移动侦测输出和现有公共网络报警系统的联动输出。

（2）报警联动。若报警位置存在监控设备，报警发生时应能通过预设方式自动调用视频或声音信息进行报警复核，并触发录音录像。系统应支持与其他警用业务系统进行报警联动。

（3）报警记录。当发生报警时，监控中心应记录报警的详细信息，如报警地址、报警所属组织、报警级别、报警类型、报警时间、处警时间、处警结果等。

6. 系统的人机交互

支持 Web 方式管理。具有直观、友好、简洁的人机交互界面。具有视频画面分割显示、信息提示等处理功能。能反映自身的运行情况，对正常、报警、故障等状态给出指示。

7. 大屏显示功能

系统支持通过高清解码单元实现对前端视频实时预览功能，单块大屏可显示 4 画面，也可显示单画面，或与其他显示大屏进行拼接，整个拼接屏显示 1 个画面，同时还支持画面开窗、漫游等功能，方便操作人员更好地预览前端视频录像。

8. 用户管理功能

可对本分控中心内的所有监控设备及用户进行权限划分，添加本分控中心管辖范围内的用户，对用户操作权限和管理权限进行控制。

9. 远程访问功能

在网络通畅的情况下，用户可采用手机客户端、PC 客户端的方式访问监控系统，实现远程调阅功能。

10. 第三方系统接口

系统预留第三方业务系统联动接口，可实现 OA 系统、水情自动测报系统、安全监测系统、综合信息系统、MIS 系统、火灾自动报警系统联动等联动。

8.4 渡槽图像视频系统

8.4.1 渡槽图像视频系统概述

渡槽采用"无人值班，少人值守"的工作方式。为实现对渡槽等重要设备及部位进行监视，随时了解各设备的运行情况及各部位的安全状况，辅助计算机图像视频系统实现了远程监视。渡槽图像视频系统的结构如图 8.5 所示。

黔中水利枢纽一期工程的图像视频系统采用高度一体化的分布式控制结构，在渡槽布设前端摄像机，通过光纤将视频图像传输至分控中心，远程运行人员、调度人员可以通过

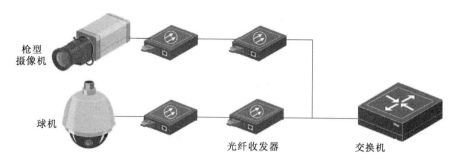

图 8.5 渡槽图像视频系统结构

该系统在分控中心对渡槽运行设备的运行状况和防盗、防火、进行实时监视并进行纪录；管理人员通过监控管理平台进行视频图像实时监视。

图像视频系统内各摄像机采集到的视频图像以数字信号方式传至分控中心进行编码压缩后集中存储在分控中心磁盘阵列硬盘内。

8.4.2 渡槽图像视频系统功能

系统应能实现不同设备及系统的互联、互通、互控，实现视音频及报警信息的采集、传输/转换、显示/存储、控制；进行身份认证和权限管理，保证信息的安全；应能与报警系统联动，并提供与其他业务系统的数据接口。主要包括：

1. 远程控制

应能通过手动或自动操作，对前端设备的各种动作进行遥控；应能设定控制优先级，对级别高的用户请求应有相应措施保证优先响应。

2. 存储和备份

网络存储设备 NVR 可完成对前端视频录像存储 30 天的功能，存储格式为 1280×720，同时视频存储录像可备份到移动存储介质上。

3. 历史图像的检索和回放

应能按照指定设备、通道、时间、报警信息等要素检索历史图像资料并回放和下载；回放应支持正常播放、快速播放、慢速播放、逐帧进退、画面暂停、图像抓拍等；支持回放图像的缩放显示。

4. 前端编码器支持双码流

满足实时监控流和存储流可以采用不同的编码方式、清晰度和带宽，以满足必要的实时监控和存储策略，如支持实时监控流采用 H.264 编码。

5. 系统的人机交互

支持 Web 方式管理。具有直观、友好、简洁的人机交互界面。具有视频画面分割显示、信息提示等处理功能。能反映自身的运行情况，对正常、报警、故障等状态给出指示。

8.5 闸站、闸阀站图像视频系统

8.5.1 闸站、闸阀站图像视频系统概述

闸阀站采用"无人值班，少人值守"的工作方式。为实现对闸站、闸阀站等重要设备

及部位进行监视，随时了解各设备的运行情况及各部位的安全状况，辅助图像视频系统实现远程监视。闸站、闸阀站图像视频系统的结构如图8.6所示。

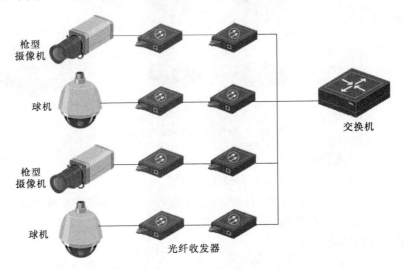

枪型
摄像机

球机

枪型
摄像机

球机

交换机

光纤收发器

图8.6　闸站、闸阀站图像视频系统结构

由于传统的模拟视频监控受到技术发展水平的局限，其弊端在现今的安防应用中越来越凸显，如模拟视频的图像清晰度、传输距离、存储方式及多系统集成等方面。

随着计算机的普及、应用，网络通信技术及图像压缩处理技术的快速发展，在监控领域中，数字化和网络化是一种趋势，采用最新的计算机、通信、图像处理技术，通过发达的网络线路传输数码图像，可为实现远程图像监视提供高效可行且价格低廉的解决方案。

该工程按被监视设备和部位特点的不同，分别装设室内、外固定高清摄像头或高清智能球机。

黔中水利枢纽一期工程的图像视频系统采用高度一体化的分布式控制结构，在闸站或闸阀站内实现本地视频图像的监控与管理，同时通过在分控中心设立的智能管理平台可以随时调用工程相关图像进行控制与监视。

通过光纤将视频图像传输至分控中心，远程运行人员、调度人员可以通过该系统在分控中心对站内设备运行状况、防盗、防火等进行实时监视和记录；管理人员通过监控管理平台进行视频图像实时监视。

图像视频系统内各摄像机采集到的视频图像以数字信号方式传至分控中心进行编码压缩后集中存储在分控中心磁盘阵列硬盘内。

8.5.2　闸站、闸阀站图像视频系统功能

闸站、闸阀站图像视频系统和渡槽图像系统相似，能实现不同设备及系统的互联、互通、互控，实现视音频及报警信息的采集、传输/转换、显示/存储、控制；进行身份认证和权限管理，保证信息的安全；能与报警系统联动，并提供与其他业务系统的数据接口。主要包括远程控制、存储和备份、历史图像的检索和回放、前端编码器支持双码流和系统的人机交互等5部分功能。

8.6 电站、泵站图像视频系统研究

8.6.1 电站、泵站图像视频系统概述

电站和泵站均采用"无人值班，少人值守"的工作方式，为实现对电站及泵站等重要设备及部位进行监视，随时了解各设备的运行情况及各部位的安全状况，辅助图像视频系统实现远程监视。

运行人员、调度人员可以通过该系统在监控室对站内运行设备的运行状况和站内防盗、防火、进行实时监视并进行纪录，并能通过光纤将视频图像传输至分控中心。管理人员通过综合信息平台也能进行视频图像实时监视。

图像视频系统内各摄像机采集到的视频图像以数字信号方式传至 NVR 进行编码并存储，在电站内，独立部署管理平台，保证电站图像视频系统管理的独立性，通过级联服务器实现与分控中心平台级联。

8.6.2 电站、泵站图像视频系统结构

电站、泵站图像视频系统结构如图 8.7 所示。电站及泵站图像视频系统由服务器（中心管理服务器、流媒体服务器、级联服务器）、平台软件、工作站、NVR、交换机、高清摄像机及通信设备组成。在泵站中控室设置监控中心，实现对整个泵站的图像视频监视功能。

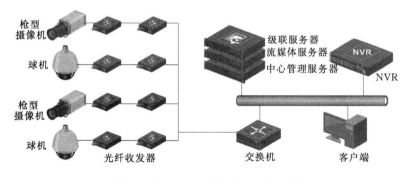

图 8.7　电站、泵站图像视频系统结构

8.6.3 电站、泵站图像视频系统功能

系统应能实现不同设备及系统的互联、互通、互控，实现视音频及报警信息的采集、传输/转换、显示/存储、控制；进行身份认证和权限管理，保证信息的安全；应能与报警系统联动，并提供与其他业务系统的数据接口。主要包括以下内容。

1. 实时图像点播

应能按照指定设备、指定通道进行图像的实时点播，支持点播图像的显示、缩放、抓拍和录像。

实时监控图像质量要求清晰流畅。

2. 远程控制

应能通过手动或自动操作，对前端设备的各种动作进行遥控；应能设定控制优先级，

对级别高的用户请求应有相应措施保证优先响应。

3. 存储和备份

网络存储设备 NVR 可完成对前端视频录像存储 30 天的功能，同时视频存储录像可备份到移动存储介质上。

4. 历史图像的检索和回放

应能按照指定设备、通道、时间、报警信息等要素检索历史图像资料并回放和下载；回放应支持正常播放、快速播放、慢速播放、逐帧进退、画面暂停、图像抓拍等；支持回放图像的缩放显示。

5. 前端编码器支持双码流

满足实时监控流和存储流可以采用不同的编码方式、清晰度和带宽，以满足必要的实时监控和存储策略，如支持实时监控流采用 H.264 编码。

6. 报警管理

（1）报警的接收和分发。应能接收报警源发送过来的报警信息，根据报警处置策略将报警信息分发给相应的系统、设备进行处理。报警源包括前端报警（探测）设备/报警子系统、监控设备的视频移动侦测输出和现有公共网络报警系统的联动输出。

（2）报警联动。若报警位置存在监控设备，报警发生时应能通过预设方式自动调用视频或声音信息进行报警复核，并触发录音录像。系统应支持与其他警用业务系统进行报警联动。

（3）报警记录。当发生报警时，监控中心应记录报警的详细信息，如报警地址、报警所属组织、报警级别、报警类型、报警时间、处警时间、处警结果等。

7. 系统的人机交互

支持 Web 方式管理；具有直观、友好、简洁的人机交互界面；具有视频画面分割显示、信息提示等处理功能；能反映自身的运行情况，对正常、报警、故障等状态给出指示。

8.7 图像视频系统平台软件

8.7.1 图像视频系统平台软件概述

平台采用模块化构建方式，具备中心管理模块、数据库模块、流媒体模块、云台代理模块、存储管理模块、网络存储模块、文件备份模块、外设接入模块、设备代理模块、移动终端模块、报警管理模块、电视墙代理模块、网管模块、级联模块、C/S 客户端、移动客户端等基础模块，可应需裁剪；采用平台 SDK 开发包作为对外的服务接口协议，方便二次开发商集成；具备统一的平台内部协议，支持统一的部署和管理，支持分布式部署，提高软件平台的可靠性、可用性和可扩展性。

8.7.2 图像视频系统平台功能

1. 图像视频监视功能

（1）可按树形方式展开选择所需监视的视频，可以同时查看任意显示的监视目标视频信息，支持多画面分割显示或回放同一水工建筑物多路实时视频或多个建筑物单路实时视频，支持一机同屏 1、4、9、16、25 画面等规格画面显示方式，还可以支持 6、8、10、13、14、17、22 画面多种规格画面的组合显示方式。

（2）支持组显示，可以在一个分组中配置多个摄像机和预置位绑定的显示项。

（3）支持通过建筑物平面布置图或一次接线图上直接查看相关视频。

（4）支持多台监控工作站及多个 Web 用户同时查看任意建筑物的视频图像。

（5）具备视频自动巡视功能（对图像视频监控点进行视频巡检，参与轮巡的对象可以任意设定，包括不同建筑物的视频、同一建筑物的不同摄像机、同一摄像机的不同预置位等，轮巡间隔时间可设置，完成轮巡任务的摄像机可自动复位）和人工监视功能（可对设定的监视区域进行人工选择监视）。

（6）具备视频自动复位功能，即可对监控点的摄像机设定默认监视状态，正常状态下摄像机保持默认状态，在控制完成的可设定的时间段内恢复默认监视状态。

（7）支持对视频的手动录像功能，对任一帧实时视频抓拍后以 JPEG 或 BMP 的图片格式进行保存。

（8）能将摄像机的号码及位置、摄像日期和时间等信息进行叠加，以便在监视图像上显示相应的必要信息，并可用汉字显示，所有字符的格式、内容等信息，均可由用户方便地自由修改。

2. 录像管理功能

（1）可以远程设置站端系统的录像规则，实现手动录像、计划录像、报警触发录像、移动侦测录像等录像方式。

（2）支持 IP - SAN、NAS 存储的无缝存储，支持报警联动存储录像到 IP - SAN、NAS，数据存储均最小单位精确到秒。

（3）支持多个客户端同时显示、存储、检索、回放所选各变电站的多个摄像机视频。

（4）支持多个客户端同时按照报警事件、时间段、摄像机、存储位置等组合条件检索录像，支持从站端系统下载检索的录像和删除本地的录像，支持硬盘预分配技术，杜绝硬盘碎片，硬盘数据自动循环复写，各变电站的历史视频无须删除。

（5）支持远程回放按照时间检索的历史视频、报警录像和计划存储的本地录像，回放支持单帧、慢放、常速、快速、进度条拖放等方式。

（6）支持回放视频的单帧抓拍，并可以在保存图片时由用户进行标注以方便查找。

3. 存储管理功能

（1）能够对监控点实现报警前、报警后的录像存储，时间可按需进行设置。

（2）录像存储格式为 720P/D1/4CIF 可调，可根据录像保存的时间需求配置硬盘，至少为 1 个月。

4. 数据转发功能

（1）支持对视频流、站端录像、控制信息、报警信息、语音对讲流等数据的转发，所有视音频数据的编码格式和控制信息等均符合黔中水利枢纽一期工程的要求。

（2）支持 IP 单播的方式查看视频流，支持转发组播视音频流。

5. 远程控制功能

(1) 支持对视频监控设备和环境监测设备进行控制，控制范围包括：摄像机（包括云台、镜头等）、灯光、门禁系统、空调等。

(2) 可以对摄像机进行视角、方位、焦距、光圈、景深的调整，还可以对摄像机的雨刷、加热器等辅助设备进行控制，支持用鼠标拖曳的方式控制摄像机的监控方位、视角，实现快速拉近、推远、定焦被监控对象。

(3) 选择一幅图像，点击 3D 缩放按钮，然后点住鼠标左键，在主画面上拉出需要查看的区域，然后松开左键，球机的云台就会自动定位到所拉的画面区域，方便用户快速直接的进行云台的定位。

(4) 支持对有预置位的摄像机添加、删除、修改、调用、查询预置位的操作。

(5) 能对云台摄像机或球机多个预置位、多条巡航线路、多个巡航方案进行设定，可以设定在不同的时间段执行不同的巡航方案。

(6) 可以对摄像机设置长时间驻留的预置位，系统在用户对该摄像机控制操作结束后设定的时间段内，使摄像机回复到默认的监视位置。

(7) 可以远程控制声光报警设备，例如，警铃警笛等。

(8) 支持用户权限管理提供优先级划分，高优先级用户可以在低优先级用户使用时获取控制权，低优先级用户不能再使用，同级别的用户满足先到先得的原则获得控制权。

(9) 支持对管理的 RPU 进行远程升级、重新启动、参数配置等控制。

(10) 支持远程设置 OSD（On - Screen Display）信息的方式，使设置变电站的视频显示下发的提示信息。

6. 电子地图功能

(1) 支持在地图上直接对视频、报警、门禁等设备进行管理。

(2) 支持增加、修改和删除电子地图的图层并可进行切换，具有超级链接功能。

(3) 支持对地图进行放大、缩小和漫游。

(4) 支持报警事件联动，可以图标闪烁、弹视频窗口等。

7. 权限管理功能

(1) 用户权限配置分为三部分：用户、部门、角色，不同用户可以设置所属部门和隶属角色，相关操作时根据优先级提供优先级高的用户优先使用权利，用户权限可以在线进行授权、转移和取消。

(2) 权限配置可以针对功能进行授权，例如有没有控制云台摄像机的权限，也支持针对数据的授权，例如有没有回放录像文件的权限。

(3) 支持通过权限管理划分责任区域用户，通过不同的责任区域用户来检查责任区的在线和离线。

(4) 支持通过权限管理分配责任区用户只对该责任区域内的设备拥有权限，实现责任区域的视频、环境信息、远程控制、报警及统计信息的分区分流，各地区级主站仅可监控其所辖各管理站点，中心站可监控整个黔中水利一期工程的所有站点。

(5) 巡检使用专门的用户登录，只能对授权的水电站、泵站或闸站进行监控，巡检用户的权限通过系统的用户权限管理实现。

8. 平台级联功能

完成电站、泵站和分控中心主站之间，分控中心与后期建设的总调度指挥中心之间的级联通信、信令转发和分发。中心与中心采用业界目前流行的多媒体会话协议 SIP 来进行通信，平台级联模块充当 SIP 代理的角色。所有来自其他平台的 SIP 信令请求首先都经过本平台级联模块，然后转发到平台其他软件模块进行处理。

黔中水利枢纽闸门
控制系统

第9章

本章概述了黔中水利枢纽的闸门控制系统，研究了该系统的控制方式与控制功能；进行了闸控单元和闸控技术的比选；研究提出了闸控 PLC 配置方案；还研究了闸控控制系统的现地对象、模式、回路方案及通信方案等。

9.1 闸门控制系统概述

黔中水利枢纽一期工程闸门控制系统从实际出发，围绕工程建设、运营、管理、维护的需求，以自动控制和测量为手段，以输水、精确配水为重点，运用先进的计算机、通信、信息和自动控制等技术，全面、及时的采集所需数据，快速地进行数据传输，安全可靠的进行数据存储和管理，打破信息资源的部门分割、地域分割与业务分割，建设服务于自动控制等业务的信息化综合平台。

闸门控制在信息化建设中是技术的难点和关键，其可靠性必须首先保障。闸门控制系统建设的原则是现地控制、远程监测；做闸控的闸门位置尽量建设视频监视点，以保证闸门控制的安全可靠；尽可能使用有线传输方式，若选择无线传输方式，也要选择高带宽和可靠性强的通信设备。

闸门监控系统将对入口的水位、出口的流量、闸位等进行在线监测，同时还根据预定的设计参数、工程监测系统提供的数据信息以及运行策略，合理调节入口闸门、出口闸门的启闭和开度，把与工程运行安全相关的参数控制在允许范围内。特别是出口闸的控制要求反应速度快、开度控制精度高。

闸门群计算机监控系统安装在监控中心，通过现场总线（光纤、无线、专线、电话线等）与多个闸门现地控制单元相连，实时采集每个闸门现地控制单元的运行参数与状态。操作人员不去启闭机现场，便可单个或分组提升、降落闸门，实现闸门的集中群控。

9.2 闸门控制系统功能研究

闸门控制主要通过现场控制和遥控两种方式的实现。现场控制是操作者在闸门启闭房对设备进行操作。遥控又称远程控制，主要是操作者远离启闭设备通过无线或有线手段对闸门启闭设备进行操作。现场控制优先级高于遥控并能现场控制/遥控切换。

(1) 可实现现场手动、现场自动和远程控制。

(2) 在分中心或渠系管理站监控计算机实现远程控制目标流量或闸门开度。

(3) 闸门控制具有权限之分。

(4) 遇到紧急意外情况，能够实施急停控制。

(5) 具有运行状态判别，故障多重保护和报警功能。

(6) 实时采集闸门开度、闸门状态、启闭机状态、闸门位移越限开关状态、电机运行参数等各类实时参数与状态信号。

(7) 实现现场控制终端和分中心、渠系管理站之间的数据传输。传输的数据包括实时采集数据、控制命令数据、故障报警数据等。

(8) 将采集处理后的数据定时或实时发送个到分中心数据库服务器。

闸门控制的现地控制单元具有闸门的现地集中控制功能，操作员在现地控制单元上可集中控制所有闸门，可以显示每个闸门的运行状态和闸门位置。可以在现地控制单元上进行手动控制/自动控制的切换。

现地控制单元以 PLC 为基础，并具有过程输入/输出，数据处理和外部通信功能。PLC 在脱离主控级及网络后，能对所控制的闸门进行正确、无误的操作。PLC 有自诊断功能，任一 PLC 故障不影响整个闸门自动化控制系统的正常工作。PLC 在完成所要求的功能外，有 20% 的硬件容量，包括过程信号输入/输出容量、内存容量等。PLC 的外部供电电源取自不间断电源的供电电源。PLC 具有高可靠性，能在无空调、无净化设施、无专门屏蔽措施的启闭机房正常工作，PLC 的模板便于更换、维护，通信口有过电压保护措施。

9.3　闸门控制方案比选

9.3.1　闸门控制单元选择

目前闸门控制基本都是采用 PLC 作为核心控制单元，PLC 在应用环境、可靠性、智能化、灵活性方面是其他设备，如 RTU 等，无法比拟的。

PLC 硬件上集成了电源电路，加强了抗干扰措施，适合工业环境使用。同时 PLC 系统直接与计算机、通信转换单元构成网络，实现信息的交换，并构成"集中管理、分散控制"多级分布式控制系统，满足工业控制系统的需要。因此该系统选择 PLC 作为监控核心单元。

9.3.2　闸门控制技术实现方式比选

1. PLC 选择

在控制领域应用的 PLC 基本上都是国外品牌，如 GE、SIEMENS、Schneider、AB、OMRON、ABB、Mitsubishi 等。PLC 在应用的控制对象上可以分为大型、中型和小型，对应着价格也是高、中、低档。大型 PLC 的控制对象可以有上千个 I/O 点，几百个 AI/AO 点，价格在几万到十几万元之间；中型 PLC 的控制对象可以有几百个 I/O 点，上百个 AI/AO 点，价格在上万到几万元之间；小型 PLC 的控制对象可以有上百个 I/O 点，几

十个 AI/AO 点，价格在几千元到 1 万多元之间。该系统中，每个控制对象的 I/O 点在 30
～100 点之间，AI/AO 点在十几个至三十几个之间。因此，选择小型的性价比较高的小
型 PLC 比较合适，如 SIEMENS 公司的 S7–300、GE 公司的 VERSAMAX、Schneider 的
ATRIUM、AB 公司的 OEMAX。

2．闸门监控方案比选

（1）方案 1：RS–485 通信。

RS–485 通信标准具有硬件开放、抗干扰能力强和易于组网等优点，但不能直接接
IP 网络，无法实现闸门远程控制。若要接 IP 网络，需要增加设备，因而增加成本，更加
不利的是存在传输不可靠等风险因素。

（2）方案 2：IP 网络扩展模块通信。

IP 网络扩展模块适合直接接 IP 网络。目前 PLC 技术发展的潮流主要是加强 PLC 联
网通信的能力，其中一种就是 PLC 与计算机的联网能力，为 PLC 配备 IP 接口的扩展模
块。国内外生产厂家之间正在协商制定通用的通信标准，以构成更大的网络系统，满足今
后用户发展需求。

综上所述，推荐使用 IP 网络扩展模块通信。

9.4　闸门控制现地单元

根据水闸现代化的建设标准，水闸控制机制采用现场手动控制、现地集中控制及远程
遥控功能。

计算机监控系统应以手动优先、下层优先的原则来设计硬件和软件。图 9.1 所示的闸
门控制现地单元结构组成中，监控主机主要通过软件监测和控制闸门的启闭过程。闸门控
制单元中集成了可编程控制器（PLC）和机电控制设备，工业控制微机的控制指令通过可
编程控制器（PLC）和机电控制设备驱动闸门启闭机实现闸门的升降。

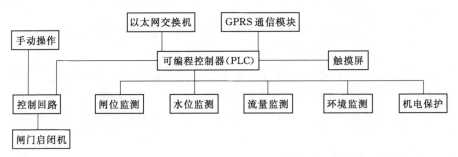

图 9.1　闸门控制现地单元结构

现地系统的基本结构是以 PLC 为核心构成的，采集设备通过各自电缆线连接 PLC，
由 PLC 接入现地局域网，组成水闸现地监控系统。

水位、流量传感器、闸位传感器、荷重传感器、限位开关、电流、电压等采集的信息
通过 PLC 的 I/O 模块接入 PLC。电机控制回路在 PLC 的控制下，控制电机正传、反转和
停机。

每套 PLC 配置一面触摸屏，用以显示水位、流量、闸位、电流、电压、荷重以及各种状态信息。通过触摸屏可以实现现地对闸门的自动控制，也可人工录入简单信息。

现地站交换机和 GPRS 模块均位于现地的监控室内，PLC 主控制器通过交换机和 GPRS 模块接入以太网。I/O 模块安装在闸室，水位、流量、温度等公共信息接入 I/O 模块。

现地控制单元主要由 PLC 完成各功能传感器信号的转换、由触摸屏完成相关参数的现场显示；完成操作员的控制指令的发出（通过触摸屏或按钮）、执行结果的显示（触摸屏和指示灯）。

现场的控制箱完成对电动机拖动系统、液压控制系统的驱动。闸门位置的现场显示，各开关状态的检测。现场控制指令的发出和相应动作的执行。

9.5　闸门控制现地单元的 PLC 配置方案

现地监控系统主控单元 PLC 包含 CPU 模块、电源模块、网络模块、I/O 模块及各种相关线、卡、槽等，I/O 模块包括 DO 模块、DI 模块、AI 模块。PLC 安装在现地控制柜中。

由于 PLC 是现地测控系统的核心部件，该系统基本上采用每座水闸配置一套 PLC 主控制器，个别闸室相连。对于距启闭机较近的水闸，则两座水闸共配一套 PLC 主控制器。为便于维护，对于单座水闸含有多孔的情况，则最多 4 孔配置一套独立的 I/O 模块。也就是说由于孔数不同，控制柜内部的 I/O 模块的套数和 I/O 点数也不等。这样既减少了投资，又便于维护。

现地控制柜包括电机控制主控回路、触摸屏、声光报警系统和柜体等。电机控制主控回路包含接触器、断路器、热继电器、相序保护器、中间继电器、电压变送器、电流变送器等。

为确保现地控制的可靠性，作为 PLC 事故情况下的应急备用，每台启闭机设置一套继电器硬接线逻辑的常规控制回路，以保证当 PLC 事故退出时能够可靠控制启闭机动作。硬接线逻辑回路所用设备与主回路设备、PLC、触摸屏合并组屏。

结合上述原则，系统基本上采用每座水闸配置一套现地控制柜，个别大于 3 孔的闸站配置两套现地控制柜。控制柜安装在闸室内。

9.6　闸门控制现地对象及模式

9.6.1　闸门控制现地对象

闸门的主要电气设备包括启闭机电机、自动化控制屏的电源等。闸门启闭机通常选用 10kV 变压器。柜内变压器高压侧设有带熔断器的高压负荷开关，作为其短路保护、隔离检修之用；柜内变压器低压侧设自动空气开关一只，并经电缆与低压配电屏连接。低压母线为母线不分段接线，供电电压为 380/220V。

低压电源进线自动空气开关及启闭机回路交流接触器均在低压配电屏上，用按钮操作,设置有相应的红绿灯指示。低压柜上另装有闸门开度显示仪,根据其显示,可随机控制闸门的开启与关闭运行。闸门的全开、全关位置均设有行程开关,对电气控制回路进行闭锁。各闸门启闭机可通过配电室监控设备柜内的 PLC 实现集中控制,也可在机房内控制箱上就地控制。

9.6.2　闸门控制模式

(1)现地手动。指通过现地控制柜的控制按钮控制闸门的启闭。现地手动必须先将控制屏上的"自动/手动"开关调至"手动"位置。手动控制方式是在脱离 PLC 情况下的控制模式,仅在 PLC 故障或闸门检修情况下使用。

(2)现地自动控制。指通过现地监控室的触摸屏对闸门的启闭控制。现地控制必须先将屏上的"自动/手动"开关调至"自动"位置。

(3)远程自动控制。指上级管理单位单位对闸门的异地控制。

现地自动控制和远程自动控制为在 PLC 支持下的控制方式,均属常规控制模式。交流供电闸门遥控站(螺杆)结构如图 9.2 所示。该系统可由远程监控模式或现地控制模式,所以需要对控制优先级做判断,如图 9.3 所示。

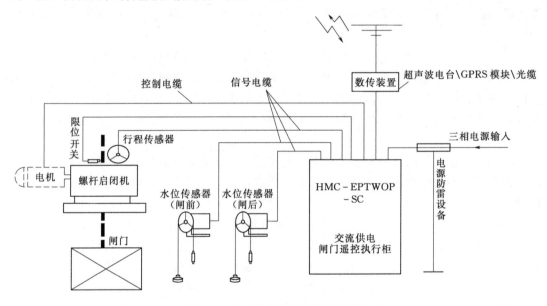

图 9.2　交流供电闸门遥控站结构

9.6.3　闸门控制回路方案

1. 主回路系统

每扇闸门启闭机的主回路相对独立,对于卷扬机或螺杆机通过控制两组交流接触器使启闭机电动机正转或反转,实现闸门的提升或下降。电气过负荷保护由热保护继电器实现。主回路自动空气开关带分励脱扣线圈,可通过手动或自动实现故障时紧急断电。主回路电流和电压量的采集,通过电流变送器和电压变送器把采集到的电流和电压转换成 4~20mA 的模拟量送至 PLC,可实现启闭机运行时电流、电压的视频监视。现地监视采用触摸屏。主回路控制设备均安装在启闭机控制柜内。

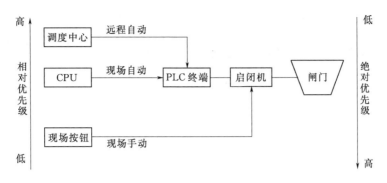

图 9.3　监控系统控制优先级示意图

本次监控闸站的卷扬启闭机和螺杆启闭机所用的电动机全部为鼠笼电动机,并且电动机容量较小,采用直接启动。

2. 控制回路系统

控制回路是以 PLC 为核心构成的回路,I/O 单元的开关量输入输出模块、模拟量输入输出模块及相关外围设备电路布置于现场启闭机室。

在启闭机室应配备交流稳压电源和在线式 UPS 电源。口门启闭机室交流电源通过交流稳压电源供给 UPS。UPS 输出端向以太网交换机、PLC 和其他重要负荷供电。

9.6.4　闸门控制通信方案

本次设置闸门遥控点采用电力远动控制设备进行闸门控制,分中心可以通过光纤通信方式与各工作站进行数据传输。

黔中水利枢纽安全监测自动化系统

第 10 章

本章阐述了黔中水利枢纽安全监测系统的研究目标，研究了达到该目标的安全监测系统功能要求（包括观测、显示、存储、操作、自检等方面的具体功能要求）；研究提出了安全监测站的布设原则和布设方案以及各监测站的安全监测仪器设备配置方案。

10.1 安全监测系统研究目标

监测信息是管理部门做出正确判断，发布正确指令的依据。黔中水利枢纽安全监测自动化系统的主要任务是监测工程建筑物变形、渗流、压力（应力）、应变、温度、环境量、水文、气象等要素的自然变化情况。

根据前述任务制定该工程安全监测系统研究目标：按照国家的工程安全监测标准，为黔中水利枢纽研究设计一个先进实用、高效可靠、自动化程度高的安全监测自动化系统，符合监测数据采集自动化、传输网络化、处理标准化、分析科学化的要求，实现有效提高安全信息采集、传输、处理、分析、预报的准确性、可靠性，更好地为各级管理部门的决策和指挥抢险救灾提供科学依据。

10.2 安全监测系统功能

黔中水利枢纽安全监测自动化系统主要具备观测、显示、存储、操作、自检等功能。

10.2.1 观测功能

观测采集的安全信息主要包括：建筑物变形、渗流、压力（应力）、应变、温度、环境量、水文、气象等要素的变化情况。

安全监测自动化系统的观测功能包括多种采集方式和测量控制方式：

（1）数据采集方式：选点测量、巡回测量、定时测量，并可在数据采集装置上进行人工测读。

（2）测量控制方式：应答式和自报式。用这两种方式采集各类传感器数据，并能够对每支传感器设置警戒值、系统进行自动报警。

1）应答式。由数据采集计算机发出命令，数据采集装置接收命令、完成规定测量，测量完毕将数据暂存，并根据命令要求将测量的数据传输至计算机中。

2）自报式。由各台数据采集装置自动按设定的时间和方式进行数据采集，并将所测数据暂存，同时传送至数据采集计算机。

10.2.2　显示功能

安全监测自动化系统的显示功能主要是：显示观测布置图、过程曲线、观测数据分布图、观测控制点布置图等以及报警状态显示窗口等。

10.2.3　存储功能

安全监测自动化系统的存储功能包括数据的自动存储和备份。在外部电源突然中断时，保证内存数据不丢失。

10.2.4　操作功能

安全监测自动化系统的操作功能包括：从现场观测中心的计算机上可实现监视操作、输入/输出、显示打印、报告现有测值状态、调用历史数据、评估系统运行状态等。系统应备有与便携式检测仪表或便携式计算机通信的接口，能够使用便携式检测仪表或便携式计算机采集检测数据，进行人工补测、比测等操作，防止资料中断。

10.2.5　自检功能

安全监测自动化系统具有自检能力，对现场设备进行自动检查，能在计算机上显示系统运行状态和故障信息，以便及时进行维护。

10.3　安全监测站布设方案

黔中水利枢纽安全监测站布设的主要原则如下：

（1）符合安全监测各种观测需要的原则。

（2）经济合理的原则。

此案例按照上述原则，研究提出了黔中水利枢纽安全监测站布设方案，保障全面及时地采集到枢纽工程系统各个重要环节的安全信息。该监测站布设方案在各工程建筑物上共设置安全监测站 38 个，其中水源区工程 19 个、高大跨渡槽 19 个。主要安全监测站具体见表 10.1。

10.3.1　水源区工程安全监测站布设

1. 大坝监测站布置

黔中水利枢纽水源区平寨水库大坝共设置了 14 个监测站，其中在下游坝面 9 个、灌浆廊道内 4 个、自由场 1 个。下游坝面监测站分别位于 1207.00m 高程横 0-007.5 断面；1242.00m 高程横 0+065.00 断面、横 0-007.5 断面；1272.50m 高程横 0+065.00 断面、横 0-007.5 断面、横 0-100.00 断面；1302.50m 高程横 0+065.00 断面、横 0-007.5 断面、横 0-100.00 断面。灌浆廊道内的观测站设置于廊道与交通支洞结合处，分别位于 ZPD1、ZPD2、YPD1、PD2 灌浆洞出口。灌浆廊道内的 4 个观测站属于临时监测站，主要是为了观测灌浆过程有关要素的变化情况，灌浆完成后就拆除了。自由场监测站设在距离坝脚 350m 的公路旁，采用强震仪观测。

表 10.1　　　　　　　　　黔中水利枢纽主要安全监测站布设概览

工 程 项	所 在 建 筑 物	站数/个
水源区工程	大坝	14
	开敞式溢洪洞	1
	泄洪放空洞	2
	新增低放空洞①	1
	导流洞①	1
高大跨渡槽	平寨渡槽	2
	白鸡坡渡槽	2
	草地坡渡槽	1
	菜子冲渡槽	1
	徐家湾渡槽	1
	龙场渡槽	1
	河沟头渡槽	3
	祠堂边渡槽	2
	焦家渡槽	2
	青年队渡槽	1
	塔山坡 1 号渡槽	1
	太平农场 2 号渡槽	1
	大坡渡槽	1
合　计		38

①　新增低放空洞安全监测站与导流洞安全监测站共用观察室及其相关软硬件。

2. 开敞式溢洪洞监测站布置

黔中水利枢纽开敞式溢洪洞设 1 个监测站，布置在溢洪道进口启闭机室内。启闭机室内配备工作台，尺寸约为 1200mm×600mm。为安全起见，监测站大门采用防盗门。所有仪器电缆均引至相应的观测房内进行集中观测。

3. 泄洪放空洞监测站布置

平寨水库泄洪放空洞共布置了 2 个监测站，分别位于进口检修闸室和洞内启闭机闸室。将所有进口边坡软硬件电缆引入泄洪洞进口检修闸室内的 1 号监测站集中观测。洞身段软硬件引至洞内启闭机闸室集中观测。

4. 新增低放空洞监测站布置

在平寨水库放空洞布置 1 个监测站，位于闸阀室交通洞出口处。所有监测断面仪器电缆引入监测站集中观测，监测站内配备工作台，尺寸约为 1200mm×600mm。放空洞内所有仪器电缆沿隧洞侧壁引至交通洞出口处监测站内进行集中观测。

5. 导流洞监测站布置

黔中水利枢纽导流洞的安全监测站与新增低放空洞闸阀室监测站共用，在导流洞堵头处设有若干观测点，配有观测所需的软硬件，所有仪器电缆沿堵头下游新增放空洞斜洞段引至放空洞闸室内集中观测。

10.3.2　高大跨渡槽安全监测站布设

黔中水利枢纽有 13 座高大跨渡槽。它们的安全监测监测站布设情况如下：

（1）平寨渡槽设置了 2 个永久监测站，进、出口各 1 个观测房。各监测站的所有软硬件的电缆都按照就近原则分别引至对应监测房，实行集中观测。

（2）白鸡坡渡槽设置了 2 个永久监测站，进、出口各 1 个观测房。各监测站的所有软硬件的电缆都按照就近原则分别引至对应观测房，实行集中观测。

（3）草地坡渡槽设置了 1 个监测站，观测房在进口附近稳定基岩上。监测站的所有软硬件的电缆都引至进口观测房，实行集中观测。

（4）菜子冲渡槽设置了 1 个监测站，观测房在 15 号槽墩底部附近的稳定基岩上。观测站的所有软硬件的电缆都引至观测房，实行集中观测。

（5）徐家湾渡槽设置了 1 个监测站，观测房布置在出口附近稳定基岩上。监测站的所有软硬件均引至基岩上观测房，实行集中观测。

（6）龙场渡槽设置了 1 个永久监测站，观测房在出口附近稳定基岩上。监测站的所有软硬件的电缆都引至出口附近稳定基岩上观测房，实行集中观测。

（7）河沟头渡槽设置了 3 个监测站，观测房分别布置在渡槽进、出口及 GG2 槽墩对应底座。各监测站的所有软硬件的电缆都按照就近原则分别引至对应观测房，实行集中观测。

（8）祠堂边渡槽设置了 2 个监测站，进、出口各 1 个观测房。这两站先用于施工监控测，然后作为永久监测站。各监测站的所有软硬件的电缆都按照就近原则分别引至对应观测房，实行集中观测。

（9）焦家渡槽设置了 2 个监测站，观测房分别布置在进、出口附近稳定基岩上。各监测站的所有软硬件的电缆都按照就近原则分别引至对应观测房，实行集中观测。

（10）青年队渡槽设置了 1 个永久监测站，观测房在渡槽进口附近稳定基岩上。监测站的所有软硬件引至基岩上观测房，实行集中观测。

（11）塔山坡 1 号渡槽设置了 1 个监测站，观测房位于进口处，先用于施工监测，然后作为永久监测站。监测站的所有软硬件的电缆都引至观测房，实行集中观测。

（12）太平农场 2 号渡槽设置了 1 个监测站，观测房位于 8 号槽墩底部附近的稳定基岩上。监测站的所有软硬件的电缆都引至观测房，实行集中观测。

（13）大坡渡槽设置了 1 个监测站，观测房在进口附近稳定基岩上。监测站的所有软硬件的电缆都引至基岩上观测房，实行集中观测。

10.4　安全监测设备配置

上一节介绍了黔中水利枢纽安全监测站的布设原则和布设方案。一般一个监测站，不只采集一种信息，有多个观测点和多种仪器；同一种信息，也可能需要从多个观测点采集，需要多套仪器。水源区大坝各监测站共设置各种仪器测点 323 个，水源区泄放水建筑物各监测站共设置各种仪器测点 373 个，高大跨渡槽各监测站共设置各种仪器测点 1746 个。为此，黔中水利枢纽配置了大量的安全监测仪器设备。主要包括安全测控单元（即采集测控单元）和各种传感器等。安全测控单元配有专门的保护箱和软硬件（采集模块）。软硬件主要有差阻式、振弦式、电位器式三种类型。测控单元的采集模块主要有 8、16、24、32、40 通道等几种类型。各观测站测控单元采集模块的类型和数量根据各站需要配置。

　　下面介绍黔中水利枢纽安全监测永久监测站（包括永久监测站和由临时转为永久的监测站，但不包括临时监测站）的仪器设备配置情况。

10.4.1　水源区工程仪器设备器配置

　　1. 大坝安全监测站配置的仪器设备类型及主要技术参数

　　平寨水库大坝下游坝坡 9 个监测站和自由场监测站配置的仪器设备类型及数量见表 10.2，仪器设备类型、生产厂家及主要技术参数见表 10.3。

表 10.2　　　　　　　　　　平寨水库大坝监测站采集单元与仪器的类型及数量

仪器类型	仪器名称	监测站				
		1 号监测站	2 号监测站	3 号监测站	4 号监测站	5 号监测站
振弦式	渗压计	1	0	0	0	1
	土压力计	1	1	1	1	1
	量水堰计	1	0	0	0	0
差阻式	测缝计	0	0	0	0	0
	钢筋计	0	0	0	50	0
	应变计	0	0	0	24	0
	无应力计	0	0	0	9	0
	温度计	0	0	0	13	0
电位器式	水平位移计	4	4	3	4	4
	单向测缝计	0	0	0	22	0
	两向测缝计	0	0	0	2	0
	三向测缝计	0	0	0	8	0
	脱空计	0	0	0	10	0
电解质式	电平器	0	0	0	19	0
陶瓷电容式	沉降仪	3	5	7	3	5
加速度式	强震仪	0	0	0	4	0
采集单元	8 通道采集单元（含保护箱）	1	1	1	0	1
	16 通道采集单元（含保护箱）	0	0	0	1	0
	40 通道采集单元（含保护箱）	0	0	0	3	0
位移测控装置	沉降仪测控装置	1	1	1	1	1
	水平位移计测控装置	1	1	1	1	1

续表

仪器类型	仪器名称	监测站				
		1号监测站	2号监测站	3号监测站	4号监测站	5号监测站
振弦式	渗压计	1	13	0	5	0
	土压力计	1	1	1	1	0
	量水堰计	0	4	0	1	0
差阻式	钢筋计	0	13	0	0	0
电位器式	水平位移计	3	4	4	4	0
电容式	沉降仪	7	9	3	5	0
加速度式	强震仪	1	1	0	0	1
采集单元	8通道采集单元（含保护箱）	1	0	1	1	0
	32通道采集单元（含保护箱）	0	1	0	0	0
位移测控装置	沉降仪测控装置	1	1	1	1	0
	水平位移计测控装置	1	1	1	1	0

表 10.3 　　　　　　　　　**平寨水库大坝监测站主要仪器设备的类型及技术参数**

序号	名称	类型	生产厂家	主要技术参数	备注
1	单向/两向/三向测缝计、面板脱空计	电位器式	南京南瑞	量程：100mm、200mm；耐水压力：2MPa	
2	测缝计	差阻式	南京南瑞	量程：拉伸12mm，压缩1mm；耐水压力：0.5～2MPa	
3	多点位移计	振弦式	北京基康	量程：50mm，3测点，耐水压力：0.5～2MPa	
4	应变计	差阻式	南京南瑞	量程：拉伸600μs，压缩1000μs；耐水压力：2MPa	
5	无应力计	差阻式	南京南瑞	量程：拉伸600μs，压缩1000μs；耐水压力：2MPa	
6	小应变计	差阻式	南京南瑞	量程：压缩1200με；拉伸1200με；耐水压力：2MPa	
7	小无应力计	差阻式	南京南瑞	量程：压缩1200με；拉伸1200με；耐水压力：2MPa	
8	土压力计	振弦式	南京南瑞	量程：3.0MPa，精度：±0.1%FS，灵敏度精度：0.04%FS	
9	温度计	差阻式	南京南瑞	测温范围：−30～70℃；精度：±0.3℃，耐水压力：2MPa	
10	钢筋计	差阻式	南京南瑞	量程：0～200MPa；分辨率：≤700kPa/0.01%；耐水压力：0.5～2MPa；外形尺寸直径：25～32mm	
11	锚杆应力计	差阻式	南京南瑞	量程：拉伸200MPa，压缩100MPa，耐水压力：0.5～2MPa	
12	渗压计	振弦式	北京基康	测量范围：0～2MPa，精度：±0.1%FS，非线性度：小于0.5%FS，使用进口原装传感器	大坝
13	渗压计	差阻式	南京南瑞	量程：0.5～1.6MPa，最小读数小于0.012MPa/0.01%	
14	量水堰计	振弦式	北京基康	量程：600mm，精度：0.1%FS	
15	沉降仪	陶瓷电容	南京南瑞	量程：2500mm，精度：2mm，分辨率：1mm	
16	水平位移计	电位器式	南京南瑞	量程：1000mm，精度：1mm，分辨率：1mm	
17	强震仪	加速度式	北京港震	3通道，力平衡加速度型，动态测量范围：≥90dB，数字固态存储式。测量范围：±2g	
18	电平器	电解质式		量程：±15′（4mm/m），±0.5°（8mm/m），精度：±0.1%FS，灵敏度：±0.03%FS	

2. 开敞式溢洪洞配置的安全监测仪器设备类型及主要技术参数

平寨水库开敞式溢洪洞启闭机室监测站配置的仪器设备类型及数量见表 10.4，仪器设备类型、生产厂家及主要技术参数见表 10.5。

表 10.4　　　　　　平寨水库溢洪洞监测站采集单元与仪器的类型及数量

测站	溢洪洞洞内启闭机室监测站							
仪器类型	差阻式						振弦式	
名称	渗压计	钢筋计	应变计	无应力计	锚杆计	测缝计	多点位移计	渗压计
仪器数量	12	42	12	2	2	15	12	3
24 通道采集单元（含保护箱）	1							
40 通道采集单元（含保护箱）	2							

表 10.5　　　　　　平寨水库溢洪洞监测站主要仪器设备的类型及技术参数

序号	名称	类型	生产厂家	主要技术参数	备注
1	测缝计	差阻式	南京南瑞	量程：拉伸 12mm，压缩 1mm；耐水压力：0.5～2MPa	
2	多点位移计	振弦式	北京基康	量程：50mm，3 测点，耐水压力：0.5～2MPa	
3	应变计	差阻式	南京南瑞	量程：拉伸 600μs，压缩 1000μs；耐水压力：2MPa	
4	无应力计	差阻式	南京南瑞	量程：拉伸 600μs，压缩 1000μs；耐水压力：2MPa	
5	钢筋计	差阻式	南京南瑞	量程：0～200MPa；分辨率：≤700kPa/0.01%；耐水压力：0.5～2MPa；外形尺寸直径：25～32mm	
6	锚杆应力计	差阻式	南京南瑞	量程：拉伸 200MPa，压缩 100MPa；耐水压力：0.5～2MPa	
7	渗压计	振弦式	北京基康	测量范围：0～2MPa，精度：±0.1%FS，非线性度：<0.5%FS，使用进口原装传感器	大坝
8	渗压计	差阻式	南京南瑞	量程：0.5～1.6MPa，最小读数：<0.012MPa/0.01%	

3. 泄洪放空洞配置的安全监测仪器设备类型及主要技术参数

平寨水库泄洪放空洞共布置了 2 个监测站（即泄洪洞进口检修闸室监测站和洞内启闭机闸室监测站）配置的仪器设备类型及数量见表 10.6，仪器设备类型、生产厂家及主要技术参数见表 10.7。

表 10.6　　　　　　平寨水库泄洪洞监测站采集单元与仪器设备类型及数量

测站	泄洪洞启闭机室监测站							进口检修闸室监测站
仪器类型	差阻式						振弦式	差阻式
名称	渗压计	钢筋计	应变计	无应力计	锚杆计	测缝计	多点位移计	锚杆计
仪器数量	8	30	9	2	8	11	15	18
8 通道采集单元（含保护箱）	1							0
24 通道采集单元（含保护箱）	0							1

表 10.7　　　　　　　　平寨水库泄洪洞主要仪器设备的类型及主要技术参数

序号	名　称	类型	生产厂家	主 要 技 术 参 数
1	测缝计	差阻式	南京南瑞	量程：拉伸 12mm，压缩 1mm；耐水压力：0.5～2MPa
2	多点位移计	振弦式	北京基康	量程：50mm，3 测点，耐水压：0.5～2MPa
3	应变计	差阻式	南京南瑞	量程：拉伸 600μs，压缩 1000μs；耐水压力：2MPa
4	无应力计	差阻式	南京南瑞	量程：拉伸 600μs，压缩 1000μs；耐水压力：2MPa
5	钢筋计	差阻式	南京南瑞	量程：0～200MPa；分辨率：≤700kPa/0.01%；耐水压力：0.5～2MPa；外形尺寸直径：25～32mm
7	锚杆应力计	差阻式	南京南瑞	量程：拉伸 200MPa，压缩 100MPa；耐水压力：0.5～2MPa
8	渗压计	差阻式	南京南瑞	量程：0.5～1.6MPa，最小读数：<0.012MPa/0.01%

4. 新增低放空洞配置的安全监测仪器设备类型及主要技术参数

平寨水库新增低放空洞监测站配置的仪器设备类型及数量见表 10.8。仪器设备类型、生产厂家及主要技术参数见表 10.9。

表 10.8　　　　　　平寨水库新增低放空洞监测站配置的仪器设备类型及数量

测站	新增放空洞闸阀室观测站							
仪器类型	差　阻　式						振弦式	
名称	渗压计	钢筋计	应变计	无应力计	钢板计	测缝计	多点位移计	渗压计
仪器数量	17	16	8	2	31	8	9	1
16 通道采集单元（含保护箱）	1							
40 通道采集单元（含保护箱）	2							

表 10.9　　　　　　　平寨水库放空洞监测站主要仪器设备的类型及技术参数

序号	名　称	类型	生产厂家	主 要 技 术 参 数
1	测缝计	差阻式	南京南瑞	量程：拉伸 12mm，压缩 1mm；耐水压力：0.5～2MPa
2	多点位移计	振弦式	北京基康	量程：50mm，3 测点，耐水压力：0.5～2MPa
3	应变计	差阻式	南京南瑞	量程：拉伸 600μs，压缩 1000μs；耐水压力：2MPa
4	无应力计	差阻式	南京南瑞	量程：拉伸 600μs，压缩 1000μs；耐水压力：2MPa
5	钢筋计	差阻式	南京南瑞	量程：0～200MPa；分辨率：≤700kPa/0.01%；耐水压力：0.5～2MPa；外形尺寸直径 25～32mm
6	钢板计	差阻式	南京南瑞	量程：拉伸 1200μs，压缩 1200μs；耐水压力：2MPa
7	渗压计	振弦式	北京基康	测量范围：0～2MPa，精度：±0.1%FS，非线性度：<0.5%FS，使用进口原装传感器
8	渗压计	差阻式	南京南瑞	量程：0.5～1.6MPa，最小读数：<0.012MPa/0.01%

5. 导流洞配置的安全监测仪器设备类型及主要技术参数

平寨水库导流洞堵头配置的安全监测仪器设备类型及数量见表 10.10，仪器设备类型、生产厂家及主要技术参数见表10.11。

表 10.10　　　　　平寨水库导流洞监测站采集单元与仪器的类型及数量

测站	导流洞堵头监测站（引至放空洞闸阀室监测站）			
仪器类型	差　阻　式			振弦式
名称	渗压计	温度计	测缝计	无
仪器数量	6	12	15	0
40 通道采集单元（含保护箱）	1			

表 10.11　　　　　平寨水库导流洞监测站主要仪器设备的类型及技术参数

序号	名称	类型	生产厂家	主 要 技 术 参 数
1	测缝计	差阻式	南京南瑞	量程：拉伸 12mm，压缩 1mm；耐水压力：0.5~2MPa
2	渗压计	差阻式	南京南瑞	量程：0.5~1.6MPa，最小读数：<0.012MPa/0.01%
3	温度计	差阻式	南京南瑞	测温范围：-30~70℃，精度：±0.3℃；耐水压力：2MPa

10.4.2　高大跨渡槽安全监测仪器设备器配置

1. 平寨渡槽配置的安全监测仪器设备类型及主要技术参数

平寨渡槽监测站配置的仪器设备类型及数量见表 10.12，仪器设备类型、生产厂家及主要技术参数见表 10.13。

表 10.12　　　　　平寨渡槽监测站采集单元与仪器的类型及数量

测站	CZ1	CZ2	测站	CZ1	CZ2
仪器类型	振弦式	振弦式	仪器数量	10	15
名称	应变计	应变计	16 通道采集单元（含保护箱）	1	1

表 10.13　　　　　平寨渡槽监测站仪器设备的类型及技术参数

序号	名称	类型	生产厂家	主 要 技 术 参 数
1	应变计	振弦式	国电南自	量程：拉伸 $500\mu s$，压缩 $1200\mu s$；耐水压力：1MPa

2. 白鸡坡渡槽配置的安全监测仪器设备类型及主要技术参数

白鸡坡渡槽监测站配置的仪器设备类型及数量见表 10.14，仪器设备类型、生产厂家及主要技术参数见表 10.15。

表 10.14　　　　　白鸡坡渡槽监测站采集单元与仪器的类型及数量

测站	CZ1			CZ2		
仪器类型	差　阻　式		振弦式	差　阻　式		振弦式
名称	钢筋计	温度计	应变计	钢筋计	温度计	应变计
仪器数量	26	20	20	26	7	33
32 通道采集单元（含保护箱）	1			1		
40 通道采集单元（含保护箱）	1			1		

表 10.15 白鸡坡渡槽监测站主要仪器设备的类型及技术参数

序号	名称	类型	生产厂家	主 要 技 术 参 数
1	应变计	振弦式	国电南自	量程：拉伸 500μs，压缩 1200μs；耐水压力：1MPa
2	钢筋计	差阻式	国电南自	量程：压缩 100MPa，拉伸 200MPa；分辨率：≤700kPa/0.01%；耐水压力：0.5～2MPa；外形尺寸直径：25～32mm
3	温度计	差阻式	国电南自	测温范围：−30～70℃，精度：±0.3℃，耐水压力：2MPa

3. 草地坡渡槽配置的安全监测仪器设备类型及主要技术参数

草地坡渡槽监测站配置的仪器设备类型及数量见表 10.16，仪器设备类型、生产厂家及主要技术参数见表 10.17。

表 10.16 草地坡渡槽监测站采集单元与仪器的类型及数量

测站	CZ1				
仪器类型	差阻式				振弦式
名称	钢筋计	锚索测力计	温度计	测缝计	应变计
仪器数量	33	25	74	16	28
16 通道采集单元 （含保护箱）	1				
40 通道采集单元 （含保护箱）	4				

表 10.17 草地坡渡槽监测站主要仪器设备的类型及技术参数

序号	名称	类型	生产厂家	主 要 技 术 参 数
1	测缝计	差阻式	国电南自	量程：拉伸 12mm，压缩 1mm；耐水压力：0.5～2MPa
2	应变计	振弦式	国电南自	量程：拉伸 500μs，压缩 1200μs；耐水压力：1MPa
3	钢筋计	差阻式	国电南自	量程：压缩 100MPa，拉伸 200MPa；分辨率：≤700kPa/0.01%；耐水压力：0.5～2MPa；外形尺寸直径：25～32mm
4	渗压计	差阻式	国电南自	量程：0.5～1.6MPa，最小读数：<0.012MPa/0.01%
5	温度计	差阻式	国电南自	测温范围：−30～70℃，精度：±0.3℃，耐水压力：2MPa

4. 菜子冲渡槽配置的安全监测仪器设备类型及主要技术参数

菜子冲渡槽监测站配置的仪器设备类型及数量见表 10.18，仪器设备类型、生产厂家及主要技术参数见表 10.19。

表 10.18 菜子冲渡槽监测站采集单元与仪器的类型及数量

测站	CZ1				
仪器类型	差阻式				振弦式
名称	钢筋计	锚索测力计	温度计	测缝计	应变计
仪器数量	16	4	0	4	12
40 通道采集单元 （含保护箱）	1				

表 10.19　　　　　　　菜子冲渡槽监测站主要仪器设备的类型及技术指参数

序号	名称	类型	生产厂家	主 要 技 术 参 数
1	测缝计	差阻式	国电南自	量程：拉伸 12mm，压缩 1mm；耐水压力：0.5～2MPa
2	应变计	振弦式	国电南自	量程：拉伸 500μs，压缩 1200μs；耐水压力：1MPa
3	钢筋计	差阻式	国电南自	量程：压缩 100MPa，拉伸 200MPa；分辨率：≤700kPa/0.01％；耐水压力：0.5～2MPa；外形尺寸直径：25～32mm
4	渗压计	差阻式	国电南自	量程：0.5～1.6MPa，最小读数：＜0.012MPa/0.01％
5	温度计	差阻式	国电南自	测温范围：−30～70℃，精度：±0.3℃，耐水压力：2MPa

5. 徐家湾渡槽配置的安全监测仪器设备类型及主要技术参数

徐家湾渡槽监测站配置的仪器设备类型及数量见表 10.20，仪器设备类型、生产厂家及主要技术参数见表 10.21。

表 10.20　　　　　　徐家湾渡槽监测站采集单元与仪器的类型及数量

测站	CZ1				
仪器类型	差阻式				振弦式
名称	钢筋计	锚索测力计	温度计	测缝计	应变计
仪器数量	60	25	114	8	56
24 通道采集单元（含保护箱）	1				
40 通道采集单元（含保护箱）	6				

表 10.21　　　　　　徐家湾渡槽监测站主要仪器设备的类型及技术指参数

序号	名称	类型	生产厂家	主 要 技 术 参 数
1	测缝计	差阻式	国电南自	量程：拉伸 12mm，压缩 1mm；耐水压力：0.5～2MPa
2	应变计	振弦式	国电南自	量程：拉伸 500μs，压缩 1200μs；耐水压力：1MPa
3	钢筋计	差阻式	国电南自	量程：压缩 100MPa，拉伸 200MPa；分辨率：≤700kPa/0.01％；耐水压力：0.5～2MPa；外形尺寸直径：25～32mm
4	渗压计	差阻式	国电南自	量程：0.5～1.6MPa，最小读数：＜0.012MPa/0.01％
5	温度计	差阻式	国电南自	测温范围：−30～70℃，精度：±0.3℃，耐水压力：2MPa

6. 龙场渡槽配置的安全监测仪器设备类型及主要技术参数

龙场渡槽监测站配置的仪器设备类型及数量见表 10.22，仪器设备类型、生产厂家及主要技术参数见表 10.23。

表 10.22　　　　　　龙场渡槽监测站采集单元与仪器的类型及数量

测站	CZ1				
仪器类型	差阻式				振弦式
名称	钢筋计	锚索测力计	温度计	测缝计	应变计
仪器数量	36	0	36	0	60
16 通道采集单元（含保护箱）	1				
40 通道采集单元（含保护箱）	3				

表 10.23　　　　　龙场渡槽监测站主要仪器设备的类型及技术参数

序号	名称	类型	生产厂家	主 要 技 术 参 数
1	测缝计	差阻式	国电南自	量程：拉伸 12mm，压缩 1mm；耐水压力：0.5～2MPa
2	应变计	振弦式	国电南自	量程：拉伸 500μs，压缩 1200μs；耐水压力：1MPa
3	钢筋计	差阻式	国电南自	量程：压缩 100MPa，拉伸 200MPa；分辨率：≤700kPa/0.01%；耐水压力：0.5～2MPa；外形尺寸直径：25～32mm
4	渗压计	差阻式	国电南自	量程：0.5～1.6MPa，最小读数：<0.012MPa/0.01%
5	温度计	差阻式	国电南自	测温范围：−30～70℃，精度：±0.3℃；耐水压力：2MPa

7. 河沟头渡槽配置的安全监测仪器设备类型及主要技术参数

河沟头渡槽监测站配置的仪器设备类型及数量见表 10.24，仪器设备类型、生产厂家及主要技术参数见表 10.25。

表 10.24　　　　　河沟头渡槽监测站采集单元与仪器的类型及数量

测站	CZ1				CZ2				CZ3				
仪器类型	差阻式			振弦式	差阻式			振弦式	差阻式				振弦式
名称	钢筋计	温度计	锚索测力计	应变计	钢筋计	温度计	锚索测力计	应变计	钢筋计	温度计	锚索测力计	测缝计	应变计
仪器数量	27	45	0	22	22	36	25	20	27	45	0	20	22
16 通道采集单元（含保护箱）	1				0				0				
24 通道采集单元（含保护箱）	0				1				0				
40 通道采集单元（含保护箱）	2				2				3				

表 10.25　　　　　河沟头渡槽监测站主要仪器设备的类型及技术参数

序号	名称	类型	生产厂家	主 要 技 术 参 数
1	测缝计	差阻式	国电南自	量程：拉伸 12mm，压缩 1mm；耐水压力：0.5～2MPa
2	应变计	振弦式	国电南自	量程：拉伸 500μs，压缩 1200μs；耐水压力：1MPa
3	钢筋计	差阻式	国电南自	量程：压缩 100MPa，拉伸 200MPa；分辨率：≤700kPa/0.01%；耐水压力：0.5～2MPa；外形尺寸直径：25～32mm
4	渗压计	差阻式	国电南自	量程：0.5～1.6MPa，最小读数：小于 0.012MPa/0.01%
5	温度计	差阻式	国电南自	测温范围：−30～70℃，精度：±0.3℃；耐水压力：2MPa

8. 祠堂边渡槽配置的安全监测仪器设备类型及主要技术参数

祠堂边渡槽监测站配置的仪器设备类型及数量见表 10.26，仪器设备类型、生产厂家及主要技术参数见表 10.27。

表 10.26　　　　　　　祠堂边渡槽监测站采集单元与仪器的类型及数量

测站	CZ1			
仪器类型	差阻式			振弦式
名称	钢筋计	温度计	多点位移计	应变计
仪器数量	28	21	5	20
40 通道采集单元（含保护箱）	2			

表 10.27　　　　　　祠堂边渡槽监测站主要仪器设备的类型及技术指参数

序号	名称	类型	生产厂家	主要技术参数
1	测缝计	差阻式	国电南自	量程：拉伸 12mm，压缩 1mm；耐水压力：0.5～2MPa
2	多点位移计	差阻式	国电南自	量程：50mm，3 测点，耐水压：0.5～2MPa
3	应变计	振弦式	国电南自	量程：拉伸 500μs，压缩 1200μs；耐水压力：1MPa
4	钢筋计	差阻式	国电南自	量程：压缩 100MPa，拉伸 200MPa；分辨率：≤700kPa/0.01%；耐水压力：0.5～2MPa；外形尺寸直径：25～32mm
5	温度计	差阻式	国电南自	测温范围：−30～70℃，精度：±0.3℃；耐水压力：2MPa

9. 焦家渡槽配置的安全监测仪器设备类型及主要技术参数

焦家渡槽监测站配置的仪器设备类型及数量见表 10.28，仪器设备类型、生产厂家及主要技术参数见表 10.29。

表 10.28　　　　　　焦家渡槽监测站采集单元与仪器的类型及数量

测站	CZ1				CZ2				
仪器类型	差阻式			振弦式	差阻式				振弦式
名称	钢筋计	温度计	锚索测力计	应变计	钢筋计	温度计	锚索测力计	测缝计	应变计
仪器数量	27	51	10	24	27	51	15	12	24
16 通道采集单元（含保护箱）	0				1				
24 通道采集单元（含保护箱）	1				0				
40 通道采集单元（含保护箱）	2				3				

表 10.29　　　　　　焦家渡槽监测站主要仪器设备的类型及技术参数

序号	名称	类型	生产厂家	主要技术参数
1	测缝计	差阻式	国电南自	量程：拉伸 12mm，压缩 1mm；耐水压力：0.5～2MPa
2	应变计	振弦式	国电南自	量程：拉伸 500μs，压缩 1200μs；耐水压力：1MPa
3	钢筋计	差阻式	国电南自	量程：压缩 100MPa，拉伸 200MPa；分辨率：≤700kPa/0.01%；耐水压力：0.5～2MPa；外形尺寸直径：25～32mm
4	渗压计	差阻式	国电南自	量程：0.5～1.6MPa，最小读数：<0.012MPa/0.01%
5	温度计	差阻式	国电南自	测温范围：−30～70℃，精度：±0.3℃；耐水压力：2MPa

10. 青年队渡槽配置的安全监测仪器设备类型及主要技术参数

青年队渡槽监测站配置的仪器设备类型及数量见表10.30，仪器设备类型、生产厂家及主要技术参数见表10.31。

表 10. 30 青年队渡槽监测站采集单元与仪器的类型及数量

测站	CZ1		
仪器类型	差 阻 式		振弦式
名称	钢筋计	温度计	应变计
仪器数量	60	25	56
24 通道采集单元（含保护箱）	1		
40 通道采集单元（含保护箱）	3		

表 10. 31 青年队渡槽监测站主要仪器设备的类型及技术指标

序号	名称	类型	生产厂家	主 要 技 术 参 数
1	应变计	振弦式	国电南自	量程：拉伸 $500\mu s$，压缩 $1200\mu s$；耐水压力：1MPa
2	钢筋计	差阻式	国电南自	量程：压缩 100MPa，拉伸 200MPa；分辨率：$\leq 700kPa/0.01\%$；耐水压力：$0.5\sim 2$MPa；外形尺寸直径：$25\sim 32$mm
3	温度计	差阻式	国电南自	测温范围：$-30\sim 70$℃，精度：± 0.3℃；耐水压力：2MPa

11. 塔山坡1号渡槽配置的安全监测仪器设备类型及主要技术参数

塔山坡1号渡槽监测站配置的仪器设备类型及数量见表10.32，仪器设备类型、生产厂家及主要技术参数见表10.33。

表 10. 32 塔山坡 1 号渡槽监测站采集单元与仪器的类型及数量

测站	CZ1		
仪器类型	差 阻 式		振弦式
名称	钢筋计	温度计	应变计
仪器数量	40	25	40
32 通道采集单元（含保护箱）	1		
40 通道采集单元（含保护箱）	2		

表 10. 33 塔山坡 1 号渡槽监测站主要仪器设备的类型及技术参数

序号	名称	类型	生产厂家	主 要 技 术 参 数
1	应变计	振弦式	国电南自	量程：拉伸 $500\mu s$，压缩 $1200\mu s$；耐水压力：1MPa
2	钢筋计	差阻式	国电南自	量程：压缩 100MPa，拉伸 200MPa；分辨率：$\leq 700kPa/0.01\%$；耐水压力：$0.5\sim 2$MPa；外形尺寸直径：$25\sim 32$mm
3	温度计	差阻式	国电南自	测温范围：$-30\sim 70$℃，精度：± 0.3℃；耐水压力：2MPa

12. 太平农场2号渡槽配置的安全监测仪器设备类型及主要技术参数

太平农场2号渡槽监测站配置的仪器设备类型及数量见表10.34。仪器设备类型、生产厂家及主要技术参数见表10.35。

表 10.34 太平农场 2 号渡槽监测站采集单元与仪器的类型及数量

测站	CZ1	测　站	CZ1
仪器类型	振弦式	仪器数量	20
名称	应变计	24 通道采集单元（含保护箱）	1

表 10.35 太平农场 2 号渡槽监测站主要仪器设备的类型及技术参数

序号	名　称	类型	生产厂家	主要技术参数
1	测缝计	差阻式	国电南自	量程：拉伸 12mm，压缩 1mm；耐水压力：0.5～2MPa
2	多点位移计	差阻式	国电南自	量程：50mm，3 测点，耐水压：0.5～2MPa
3	应变计	振弦式	国电南自	量程：拉伸 $500\mu s$，压缩 $1200\mu s$；耐水压力：1MPa
4	钢筋计	差阻式	国电南自	量程：压缩 100MPa，拉伸 200MPa；分辨率：≤700kPa/0.01%；耐水压力：0.5～2MPa；外形尺寸直径：25～32mm
5	渗压计	差阻式	国电南自	量程：0.5～1.6MPa，最小读数：<0.012MPa/0.01%
6	温度计	差阻式	国电南自	测温范围：−30～70℃，精度：±0.3℃；耐水压力：2MPa

13. 大坡渡槽配置的安全监测仪器设备类型及主要技术参数

大坡渡槽监测站配置的仪器设备类型及数量见表 10.36，仪器设备类型、生产厂家及主要技术参数见表 10.37。

表 10.36 大坡渡槽监测站采集单元与仪器的类型及数量

测站	CZ1				
仪器类型	差　阻　式				振弦式
名称	钢筋计	锚索测力计	温度计	测缝计	应变计
仪器数量	33	25	74	16	28
16 通道采集单元（含保护箱）	1				
40 通道采集单元（含保护箱）	4				

表 10.37 草地坡渡槽监测站主要仪器设备的类型及技术参数

序号	名称	类型	生产厂家	主　要　技　术　参　数
1	测缝计	差阻式	国电南自	量程：拉伸 12mm，压缩 1mm；耐水压力：0.5～2MPa
2	应变计	振弦式	国电南自	量程：拉伸 $500\mu s$，压缩 $1200\mu s$；耐水压力：1MPa
3	钢筋计	差阻式	国电南自	量程：压缩 100MPa，拉伸 200MPa；分辨率：≤700kPa/0.01%；耐水压力：0.5～2MPa；外形尺寸直径：25～32mm
4	渗压计	差阻式	国电南自	量程：0.5～1.6MPa，最小读数：≤0.012MPa/0.01%
5	温度计	差阻式	国电南自	测温范围：−30～70℃，精度：±0.3℃；耐水压力：2MPa

10.5　智能化集成监控系统的安全监测设计方案

黔中水利枢纽是贵州省的基础性战略工程，其安全保障至关重要。该枢纽的智能化集成监控系统中必须有系统、周全、严格的安全监控设计。

对于监控系统工程来说，为了满足最根本的安全需求，需要建设主动、开放、有效的系统安全体系，实现网络安全状况可知、可控和可管理，形成集防护、检测、响应、恢复于一体的安全防护体系。

信息化系统是黔中水利枢纽一期工程建设的重要组成部分。该系统依托于计算机网络，多种通信系统相结合，融合监控、图像视频、通信系统为一体的综合自动化系统。

计算机网络是工程的重要组成部分，是实现大量信息实时迅速传输、处理、查询、共享的技术保障和物理基础，是实现信息实时传输、处理、共享、查询的硬件平台，连接监控系统、图像视频系统、水力测量系统形成统一网络，实现集中管理、控制。

现地监控：提高控制元器件的性能指标，保证控制机构执行安全可靠。

远程监控：采用同一监控平台，纳入统一管理，增强灵活性与可靠性。

黔中水利枢纽智能化集成监控系统中安全监控设计主要包括安全设计原则、操作安全、通信安全和软硬件安全等 4 个方面。

10.5.1　安全设计原则

系统分层分布式结构，局部的故障不影响整个系统的可靠运行。对主机、服务器和操作员站采用双重热备用设置，并实现快速无干扰切换。

上一层的故障不影响下一层控制、调节和安全操作，即分控中心及其通信通道故障时，不影响现地的功能。

当单元控制层故障，甚至整个监控系统均同时故障时，虽然监控系统不具备正常的控制和调节功能，但仍有适当措施（如简单可靠的硬布线紧急停机回路），保证主要设备的安全，或者将它们转换到安全状态（如停机）。

10.5.2　操作安全

操作安全体现在以下 4 个方面：

（1）对系统的每一操作设置检查和应答确认，能自动或手动禁止误操作并报警。这些功能的设置不因为硬布线逻辑或功能闭锁而简化。

（2）当任何设备失效时发出报警，对任何自动或手动开关装置的操作都应记录下来，并提醒操作员注意。

（3）各控制层优先权顺序为：单元控制层最高，中控室层次之，调度层最低。

（4）在人机接口设备上设有操作人员控制权指令。

10.5.3　通信安全

通信安全体现在以下两个方面：

（1）通信的故障不影响系统出错，误控。通信故障时发出报警。

（2）通信具有 CRC 检验、多重冗余通信和通道检测功能。该系统定期进行网络通信通道检测来保证通道的正常工作；检测结果不正常时，进行报警处理，并进行通信链路的自恢复处理。

10.5.4　软硬件安全

软件和硬件安全体现在以下 4 个方面：

（1）设有电源故障保护并能自动重新启动。

（2）系统能设置初始状态并可重新设置。

（3）具有自检查能力，自动完成故障检测和故障切除或切换并报警。

（4）具有软件故障自诊断和故障排除与报警功能。

黔中水利枢纽智能化集成监控系统

第11章

本章进行了黔中水利枢纽一期工程智能化集成监控系统（简称集成监控系统）的需求分析；研究提出了该系统的总体方案、总体功能、总体结构和安全保障；制定了集成监控技术方案；研究提出了集成监控系统应用软件的功能要求和软件平台结构。

11.1 集成监控系统需求分析及总体方案

11.1.1 需求分析

黔中水利枢纽一期工程智能化集成监控系统是一新建项目。该系统建设是灌区工程建设中的重要组成部分之一，系统开发建设与灌区工程建设基本同步进行。系统建设要遵循需求牵引的原则，以灌区工程自动化业务为核心，进行全面的业务需求分析，确定系统的功能和性能。

1. 业务流程分析

黔中水利枢纽一期工程主要业务流程涉及发电、水量调度、自动控制、综合办公等环节。调度部门根据可供水量，结合各用户汇总上报的需水计划和全线的水量分配规则，共同协商确定年内配水计划，制定年内月调度方案；再根据年内月调度方案，制定旬调度方案。通过智能监控系统及时收集工程运行、工程安全、洪水等工程险情、特殊需水请求。根据应急调度预案或会商制定的各部门联动应急响应方案，迅速采取应急响应措施，保证工程安全、供水安全，控制险情蔓延，及早恢复工程正常运行。

2. 主要业务功能需求

系统业务功能需求主要包括：自动控制、水力量测、图像视频、水量调度、数字化办公、公共服务等几个方面。

3. 资源需求

（1）资源区域范围。各类资源覆盖范围与应用系统覆盖范围一致，包括二级管理机构、各信息点。

（2）计算机资源需求。应用系统将是一个覆盖整个范围的庞大复杂的软件系统，需要功能强大、运算速度快、安全容灾的计算机运行资源。

（3）计算机网络资源需求。网上信息瞬间传达，自动化监控信息不能受到任何其他信息的干扰。

（4）通信网络资源需求。能够支撑所有信息点的通信，安全高效地支撑整个计算机网络系统。

11.1.2 总体方案

根据黔中水利枢纽信息化整体规划，为了进行全面、系统的管理，黔中水利枢纽一期工程智能化集成监控系统按统一调度层、管理执行层和现地操作层设总调中心、分控中心、现地三级管理模式进行研究设计。一级管理机构为建管局，二级管理机构为水源分控中心、桂家湖分控中心、革寨2号闸房分控中心，三级管理机构为闸站、闸阀站、闸房、电站等现地站。

基础设施建设主要包括现地测控、现地监视、计算机网络、通信、供电防雷机房等建设内容。

自动化监控平台是基于网络的统一开放式平台、面向对象、分布控制、多层应用的。集自动化与信息化于一体的自动化控制系统，为监控系统提供了共享的、可重复利用的应用组件、公共服务及应用交互，具体包含监控服务、数据存储与管理。

远程监控系统主要包括闸门监控等建设内容。

组织管理主要包括水调统一及多级控制管理模式。建设管理要按照"统一规划、统一设计、统一标准、统一建设"进行，由建管局负责。运行管理方面，由流域管理局负责协调系统的总体运行维护，各级水量调度主管部门负责本地系统运行维护管理。

技术保障就是要制定统一的技术标准，依据远程监控系统的业务特点建立安全体系，制定相关制度办法来保障系统的建设与运行。

该系统设水源、桂家湖、桂松干渠三个分控中心，服务于闸门、闸阀站、配电系统的设备和设施。水源、革寨2号闸房分控中心，因设有电站、闸房监控系统，故其分控中心设备和功能在电站、闸房监控系统实施。该系统仅考虑桂家湖分控中心。现地各站采用"无人值班、少人值守"方式。

11.2 集成监控系统总体功能

黔中水利枢纽一期工程智能化集成监控系统具备监测、监控、数据存储、用户及权限管理、维护管理等功能。

11.2.1 监测功能

监测就是采集处理工程涵闸的控制数据以及其他相关数据，包括启闭状态、开启高度、电流、电压、温湿度、限位保护、荷重保护、相序故障等信息。

11.2.2 监控功能

监控就是控制闸门启闭，实现手动、自动、远程控制功能。控制前经过统一的权限判别。系统可以进行用户管理及权限划分。

按照涵闸的控制方式，闸门控制首先分为两种：手动控制和自动控制。手动方式下，只有在闸房，通过每个启闭机的手动控制箱，进行闸门控制。自动方式下，是通过PLC进行闸门控制，又分为远方控制和现地控制。现地模式下，只能通过闸房PLC的触摸屏进行闸门控制；远方模式下，闸管所配置的工控机安装有组态软件直接与 PLC 通信，构成现地的闸管所系统，与现地触摸屏属于一个层级的两种控制方式。

涵闸控制策略应首先选择手动控制还是自动控制，即选择使用手动控制箱还是 PLC 对闸门进行控制。涵闸正常运行时一般选择自动控制，仅在 PLC 出现故障及启闭机检修时才采用手动控制。

如涵闸在正常运行中，控制方式选择自动控制，则还应根据日常管理工作方法选择现地模式还是远程模式，即选择触摸屏控制还是上层自动化监控平台的管理单位监控终端控制。

如选择远程模式，控制策略是指两级管理单位对闸门控制权限的高低，其主要是由各级单位在水调工作的地位和功能决定的，是通过管理维护软件来分配的。

11.2.3　数据存储功能

监控系统存储三类数据：实时监测和控制数据、时段和特征数据及管理数据。

（1）实时监测和控制数据是指实时监测到的闸门运行和闸门操作数据以及重要环境数据；供监控系统记录完整的实时过程和分析故障使用，存储周期为 6 个月。

（2）时段和特征数据从实时数据中抽取出来，存储时段闸门运行和闸门操作数据及其特征变化数据；供监控系统与调度系统分析闸门运行情况时使用；时段数据的时段最小可为 10 分钟，存储周期为一个调度周期。

（3）管理数据指描述管理单位机构、人员、闸站的数据，一般为静态数据；在人员调整或闸站的相关参数（如渠道流量计算公式的参数）变化时进行变更；供管理使用。

在分中心进行两级数据存储，存储 6 个月以内的所有实时监测数据和控制数据。并根据实时数据形成时段和特征数据，予以保存。

时段和特征数据需要与其他应用系统共享。

11.2.4　用户及权限管理功能

系统可以进行用户管理及权限划分，对各级管理机构下达的控制指令进行权限判别。监测、监控和监视系统的权限应可以互相呼应。

11.2.5　维护管理功能

以自动化监控平台为依托，建立系统的简单集中管理系统，主要监视网络设备、服务器、监控终端、PLC、视频编解码器、UPS 等基本运行情况，并建立相应的报警机制。

11.3　集成监控系统总体技术结构

11.3.1　智能监控系统技术路线

黔中水利枢纽智能化监控系统是一个系统工程。它的内容涉及了多学科的内容，包括水文水资源、水利工程、仪器仪表、自动控制、通信工程、图像视频、计算机软件及企业管理等。为了达到信息化建设的科学合理，根据规划的原则，信息化规划的技术路线遵循"平台化，分层设计"的理念。结合该工程实际管理情况和信息化建设的内容，信息化分为硬件平台和软件平台。硬件是基础，软件是应用。二者按照一个有机的整体来统一规划设计。

11.3.2 智能监控系统架构

智能监控系统的硬件系统结构如图 11.1 所示。硬件平台分为三层结构：信息采集层、信息传输层、信息处理层。

软件平台由基础架构、系统接口、应用系统、数据挖掘组成，具体设计见 11.5.2。

图 11.1 智能监控系统的硬件系统结构

11.3.3 集成监控系统安全

智能化集成监控系统的安全至关重要。该系统安全保障设计主要包括安全设计原则、操作安全、通信安全和软硬件安全等四方面，具体设计内容见 10.5 节。

11.4 集成监控技术方案

信息化建设是一项复杂的系统工程。它基本涵盖了信息技术的所有领域，从信息采集一直到基于海量信息的决策支持。这些技术包括传感、通信、网络、控制、计算机硬件和软件、水资源配置和调度、决策支持等。技术方案就是利用这些技术，按照黔中信息化建设的需求和内容，在经济可行的条件范围之内，通过分析比选，得出实用可靠，又有一定先进性的建设方案。

11.4.1 智能监控系统总体方案

1. 系统结构

黔中水利枢纽智能监控系统的结构如图 11.2 所示。

第一层为总调中心（不在该工程范围内）。管理机构为建管局。

第二层为三个分控中心（水源分控中心、桂家湖分控中心、革寨 2 号闸站分控中心）。

第三层为现地站，即全线液压启闭机 LCU、卷扬式启闭机 LCU、闸阀 LCU 及配电 LCU。管理机构为闸站、闸阀站、闸房、电站等现地站。

2. 监控方式

自动化监控系统采用分层分布式结构，即总调中心监控层（不属于该工程）、分控中心监控层、现地监控层，监控系统具备以下 3 种控制方式：

（1）总调中心可将调度指令发送到分控中心，再由分控中心直接对设备进行控制或发送到相关现地控制单元进行控制操作。

（2）分控中心可将控制指令发送到其所管辖的现地站进行控制操作。

（3）现地监控层的控制单元可直接对设备进行控制。

11.4.2 智能监控系统中心与分中心的功能

中心与分控中心监控系统的主要功能如下：

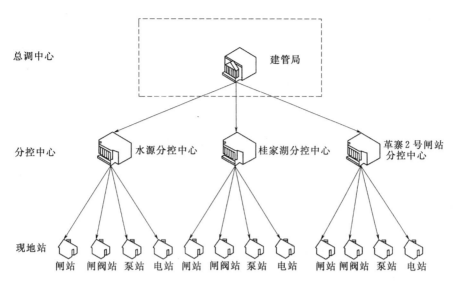

图 11.2　智能监控系统结构示意图

1. 数据采集和处理

实时采集各现地站上传的各监测数据、运行报警、操作信息等，格式化处理后写入实时数据库。

监控系统对采集到的信息进行分析、处理，误码分析和数据传输的差错控制，形成调度所需的各种监控、管理、分析和指导数据，报警信号随机优先传递，其中事故信号等中断量最优先。

2. 设备控制与调节

当运行操作方式选择为分控中心操作时，可由分控中心值班人员通过控制台上的键盘向监控系统下达控制、调节命令，如闸门、闸阀的启闭、开关分、合闸控制等。

实现对各闸门、阀门的控制和调节；预留与电站、泵站接口，结合调度方案，进一步实现的统一安全运行监视、自动化监控及优化调度运行，以保证输水沿线闸门、阀门的安全、稳定、可靠及经济运行。

3. 图形功能

根据人机图形界面需求情况，由人机图形界面编辑工具调用对象控件集中对应的控件，根据所需的功能和特定属性，设定对象，编辑生成人机画面。可根据实际需求，使用图形编辑软件做出各种图形，无须编程。图形编辑软件具有过程线、棒图、数据列表、文本、位图、直线等多种对象图元。用户可以根据自己的需求在分层透明画面上自由组合，形成丰富的图形化交互界面。

图形画面可分为静态图形和动态图形：静态图表主要包括工程简介、系统简介、工程主要概况图片、监控点分布图、静态曲线等；动态图形主要包括控制站点数据动态监视、控制图等。

操作员工作站可调用运行各种人机界面，用于实时监视、信息查询、数据分析等工作。

4. 实时报警

实时在线监视系统各种动态数据、应用软件、各监控站点和网络情况，并根据预先设定好的报警项目、报警限值、报警级别和报警方式进行分析判断，一旦发现异常立即自动报警。其中，报警方式可以选择监视画面报警、声音报警。报警可以设置为：未得到运行人员响应，报警不消失；系统报警后自动记录，报警记录可查询。

报警内容主要包括：模拟量数据越限报警；各故障、事故信号动作报警；动作通知；控制系统故障报警；设备操作信息报警；非法入侵报警。

5. 数据库及其管理

主要内容包括：实时数据库的定义、生成和维护；历史数据库的定义、生成和维护；实时数据运行、管理；历史数据存储、运行、管理；数据备份等。图 11.3 所示为数据库插件管理平台。

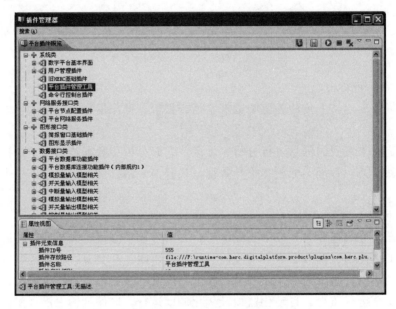

图 11.3　数据库插件管理平台

6. 报表功能

使用报表编辑工具产生报表文件，由报表控件驱动报表文件运行。报表编辑部分作为报表系统的支撑，通过报表系统函数库提供多种函数，满足系统管理常规报表计算需要。用户可按照自己的要求，使用报表编辑系统子系统，设计制作新的报表，无须编程。

7. 数据通信及交换

主要内容包括：接收现地站的数据、向现地站转发控制命令和数据、实现与信息化综合平台的数据交换、预留与其他系统的通信接口。

8. 设备运行统计记录和生产管理

监控系统将能对各设备的运行情况进行统计记录，可自动将某些信息提示给操作值班人员。统计的类型包括设备正常及非正常动作次数、设备运行时间等。对于各设备状态要进行记录，必要时可产生报警。监控系统需对参数越限及定值变更等情况做统计记录，并生产各类报表、日志、自动生成和打印操作票等。具体描述如下：

（1）设备动作及运行记录。监控系统对设备的动作次数和运行时间自动统计和记录，其内容包括：闸门开、停次数，本次开机运行时间，累计开机运行时间，设备检修次数及时间；设备发生故障次数及恢复时间。这些记录都能够被值班人员调用并可组成报表输出。

（2）操作记录。监控系统能对各种操作进行统计和记录，如启、闭闸门，开关分、合操作等。

（3）定值变更记录。监控系统能对所有的定值变更情况做记录，并存入数据库以备随时查询。

（4）事故及故障统计记录。监控系统对当班、当日、当月、当年的各类事故及故障的内容和次数进行统计，作为资料保存。

（5）参数越限统计记录。监控系统可以对当班、当日、当月、当年的参数越限情况进行统计，并记录下来。

（6）主要设备退出运行统计记录。其目的是作为其使用情况和寿命以及运行安全性可靠性的判断依据。

（7）运行日志及报表打印。监控系统能按照运行操作人员的管理和要求打印运行日志和报表。打印内容以及打印格式可以事先设定。打印方式有定时自动打印、随机召唤打印等形式，并有内存告急转储信号或提示。

9. 诊断功能

诊断内容主要包括系统硬件设备故障诊断和软件故障诊断。

（1）系统硬件设备故障诊断。对分控中心计算机设备、网络通信通道、外围设备、通信接口等的运行情况进行在线和离线诊断，故障点应能诊断到模块。当诊断出设备故障时，自动发出具体报警信息，进行故障限制和自动安全处理，对于冗余配置的设备实现无扰动自动切换到备用单元。

（2）软件故障诊断。对分控中心系统的软件进行在线诊断，能诊断出故障软件功能模块及故障性质，闭锁控制输出，发出报警信息及显示。

11.4.3　现地站的功能与控制方式

11.4.3.1　现地站功能

现地站需要完成的功能如下：

1. 数据采集和处理

（1）数据量（模拟量）采集。变压器高、低压电量。

（2）状态量（开关量）采集。断路器分、合闸位置、接地刀闸分合位置、报警信号等、控制电源状态、图像投光灯分合。

2. 实时控制

（1）现地运行人员能根据调度指示，用触摸屏按钮及开关等对所控制的断路器、投光灯开关、报警器，进行分、合操作。

（2）远程操作。LCU 屏通过网络接收集控层的指令，对所控制的断路器、投光灯开关、报警器，进行分、合操作。

（3）控制优先级为现地操作优于远方操作。

3. 信号显示

在现地控制屏的触摸屏上应显示配电系统主接线、测量、故障报警画面，屏上布置有关操作电源等的信号灯。设有故障报警音响器。

4. 数据远传

LCU 屏通过接口及网络将有关信息送至中控层。

11.4.3.2 现地站控制方式

LCU 屏均考虑两组切换开关。有手动/自动和远程/现地两种选择方式，可由控制箱中的切换开关进行选择。

1. 手动/自动开关

（1）手动。当开关置于"手动"时，操作人员可在现地手动操作，即通过控制箱上的启、闭、停三个操作按钮，控制相应设备的开启和关闭。此时通过触摸屏或工作站不能控制闸门或闸阀。

（2）自动。当切换开关位于自动位置，操作人员可在现地或远程通过触摸屏或工作站控制闸门或闸阀的开启和关闭。

2. 远程/现地开关

（1）远程控制。当切换开关位于远程位置，控制为远方上位机集控方式，由工作站实现，对每扇闸门或阀门进行运行控制。

（2）现地控制。当切换开关位于现地位置，现地控制由设在现地的 LCU 上的触摸屏控制实现。

3. 检修开关

当切换开关置于"检修"位置时，检修手动操作，主要用于设备的调试和检修等特定场合。

11.5 集成监控系统应用软件

11.5.1 应用软件功能

应用软件系统实现内部的信息共享，并提供业务管理调度决策功能。系统主要涉及配水、水量结算、用水调度、工程展示、数据维护、系统注册与维护以及系统帮助等。管理软件通过与监控软件的信息交互，获得测控点实时数据，并提供调度数据的传递接口。系统结构未来可以在闸控站点站端部署节点，通过管理软件将局端的调度数据传送给闸控站点站端，为所有站端监控软件提供数据依据。软件系统管理的信息流如图 11.4 所示。

11.5.2 应用软件结构

软件平台按四部分设计：

第一部分：基础架构设计。平台将基础数据库和地理信息数据库系统作为平台基础，二者通过数据引擎进行数据交换和共享。

第二部分：系统接口设计。对各项数据的读、写、校验都进行封装设计，开发人员调

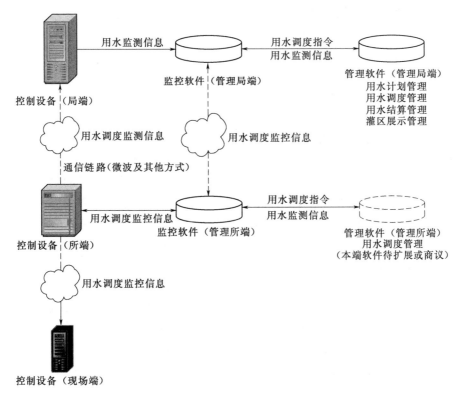

图 11.4　软件系统管理的信息流

用封装好的接口函数和 DLL 动态库进行业务功能设计。

第三部分：应用系统设计。根据闸控工程管理的内容，进行业务分类，设计各种与业务相关的应用系统。

第四部分：数据挖掘设计。根据业务的综合需求，通过系统接口对基础数据信息和空间地理信息进行数据深度挖掘，实现软件平台的综合业务系统的设计。

11.5.3　主要成果

（1）黔中水利智能监控软件平台的主要研究成果如下：

1）研究建立了综合业务数据库。

2）研究建立了基于二维 GIS 的综合业务平台，实现对整个灌区的监视管理和控制。

3）智能监控平台可接收分中心传送来的自动控制视频图像等数据。

4）智能监控平台可对遥测站点进行数据遥测。

5）该平台可向自动控制系统发送闸门操作命令。

6）黔中水利智能监控平台具有对自动控制、信息管理等数据及设备运行状态进行监视、查询、实时报警等功能。

7）通过智能监控平台可向分中心转发相关的数据。

8）智能监控平台可进行数据（信息）存储、管理、修改、图表显示及打印。

9）平台具有远程查询、诊断、管理的能力。

10）预留了数据互联接口，使平台具备横向和纵向扩展的能力。

（2）黔中水利智能监控软件平台系统主要由以下几部分组成：

1）数据采集和控制。通过数据网关与各专业应用系统接口，实现常规数据采集；通过与调度中心自动控制系统接口实现控制操作。

2）数据处理。测站数据实时计算、处理；实时监测数据到时段历史数据的统计处理。

3）数据通信及交换。接收分中心的数据；向相关分中心转发数据；预留与其他相关系统或部门的通信接口。

4）数据库及其管理。内存实时数据库；数据库的生成和维护；实时数据和历史数据的维护管理；数据备份与装载。

5）二维GIS应用。干管及其临近地区的数字地图，灌区所有枢纽的数字图，在数字地图上实现对自动控制、图像视频、信息管理等的实时监视；在枢纽数字图上实现枢纽的实时监视功能；以二维GIS为入口连接控制、召测、图形、报表、数据查询等功能。

6）系统及网络管理。不丢失数据的系统故障切换和重启，系统配置及其维护管理，网络监视，远程诊断。

7）图形生成与应用。根据各种人机图形界面需求情况，通过人机图形界面编辑工具调用对象控件集中对应的控件；根据所需的功能和特定属性，设定对象，编辑生成人机画面。用户可以按照自己的要求，使用图形编辑软件得出各种图形，无需编程。

图形画面分为静态图形和动态图形。静态图表包括工程简介（包括语音介绍功能）、系统简介（包括语音介绍功能）、工程主要概况图片、遥测站点分布图、静态曲线等。动态图形包括遥测站点数据动态监视图、遥测通信组网图、流量过程线图、各自动控制站点状态图、枢纽实时监视图等。

8）报表生成与应用。使用报表编辑工具产生报表文件，由报表控件驱动报表文件运行。报表编辑部分作为报表系统的支撑软件，通过报表系统函数库提供十几类上百个函数，满足各种工程管理计算需要。

9）人机界面运行。在各台操作工作站运行人机界面运行进程，可以调用运行各种人机界面，用于实时监视、信息查询、数据分析等工作。

10）数据查询检索。通过数据查询控件能够实现对各种专业数据的查询和检索。数据查询控件集由系统设置、实时数据、静态参数、时段（包括日）数据、综合数据控件组成。

11）实时报警。实时报警子系统实时在线监视系统各种动态数据、应用软件、各个节点和网络情况，并根据预先设定好的报警项目、报警限值、报警级别和报警方式进行分析判断，一旦发现异常立即自动报警。

附 表 及 附 图

    桂家湖水库各典型年供水量过程（直接供单元）   单位：万 m³

典型年	1月	2月	3月	4月	5月	6月	7月	8月	9月	10月	11月	12月	全年
丰水年	113	112	113	112	113	112	113	112	113	112	113	112	1350
平水年	112	79	71	113	112	113	112	113	112	113	112	113	1275
枯水年	112	50	98	112	113	113	112	113	112	113	41	112	1201
特枯水年	112	99	113	66	112	113	112	113	31	6	112	113	1102
多年平均	113	85	91	107	113	113	117	113	94	85	94	109	1234

附表 2   **高寨水库各典型年供水量过程（直接供单元）**   单位：万 m³

典型年	1月	2月	3月	4月	5月	6月	7月	8月	9月	10月	11月	12月	全年
丰水年	85	146	188	284	364	622	580	451	156	125	178	78	3257
平水年	83	57	95	247	414	678	675	519	165	127	182	82	3318
枯水年	137	19	130	355	469	677	678	400	172	128	42	40	3247
特枯水年	174	92	284	97	434	565	333	668	186	131	96	144	3204
多年平均	136	96	170	272	423	639	605	459	163	127	143	99	3332

附表 3   **大洼冲水库各典型年供水量过程（直接供单元）**   单位：万 m³

典型年	1月	2月	3月	4月	5月	6月	7月	8月	9月	10月	11月	12月	全年
丰水年	120	0	120	35	120	120	121	154	10	11	4	66	881
平水年	133	7	120	72	120	131	120	131	8	12	3	66	923
枯水年	120	35	120	112	120	120	119	120	0	0	0	84	950
特枯水年	120	80	120	120	120	120	257	130	0	0	9	120	1196
多年平均	126	20	120	74	120	127	132	134	5	5	11	73	947

附表 4   **花溪水库各典型年供水量过程（直接供单元）**   单位：万 m³

典型年	1月	2月	3月	4月	5月	6月	7月	8月	9月	10月	11月	12月	全年
丰水年	456	456	456	456	456	456	456	422	455	456	456	456	5437
平水年	456	456	456	455	456	456	456	589	590	590	590	455	6005
枯水年	456	456	456	456	455	456	456	589	589	590	590	456	6005
特枯水年	456	456	455	456	456	456	402	456	590	590	456	456	5685
多年平均	456	456	459	459	470	476	461	508	525	525	516	469	5780

附表 5 阿哈水库各典型年供水量过程（直接供单元） 单位：万 m³

典型年	1月	2月	3月	4月	5月	6月	7月	8月	9月	10月	11月	12月	全年
丰水年	510	510	510	510	510	510	510	545	510	510	510	510	6155
平水年	510	510	510	510	510	510	510	544	544	545	544	510	6257
枯水年	510	510	510	510	510	510	510	510	544	544	544	510	6222
特枯水年	510	510	510	510	510	510	510	510	545	544	510	510	6189
多年平均	510	510	507	507	496	490	503	533	529	524	521	514	6144

附表 6 红枫湖水库各典型年供水量过程（直接供单元） 单位：万 m³

典型年	1月	2月	3月	4月	5月	6月	7月	8月	9月	10月	11月	12月	全年
丰水年	3138	3138	3139	3138	3138	3139	3139	3138	3139	3139	3138	3139	37660
平水年	3138	3139	3138	3138	3138	3138	3138	2972	2971	2971	2971	3138	36990
枯水年	3139	3138	3138	3139	3138	3138	3005	2971	2972	2971	3138		37025
特枯水年	3138	3139	3138	3138	3138	3139	3138	3138	2971	2971	3139	3138	37325
多年平均	3138	3138	3138	3138	3138	3138	3139	3064	3051	3055	3067	3123	37327

附表 7 各水库不同供水对象的年供水量（不含下放到河道） 单位：万 m³

水库	桂家湖			高寨	革寨	大洼冲	凯掌			花溪			阿哈	红枫湖
供水对象	木丁落	桂松干渠	小计	坡顶花	桂松干渠	黄高羊	普马沙	桂松干渠	小计	贵阳	花阿渠	小计	贵阳	贵阳
丰水年	1350	28715	30065	3257	27442	881	269	3554	3823	5437	34	5471	6155	37660
平水年	1275	31527	32802	3318	29141	923	323	4252	4575	6005	137	6142	6257	36990
枯水年	1201	35242	36443	3247	30282	950	319	4216	4535	6005	103	6108	6222	37025
特枯水年	1102	36369	37471	3204	30125	1196	381	3847	4228	5685	68	5753	6189	37325
多年平均	1234	31811	33045	3332	28935	947	308	3988	4296	5780	93	5873	6144	37327

附表 8 各分水口不同供水对象的年供水量 单位：万 m³

分水口	龙四分水口	太落分水口							小鹅分水口			革寨1号泵		
供水对象	棱岩龙	化普马	坡顶花	木丁落	太落支渠	桂松干渠	小计		新双杨	桂松干渠	小计	新双杨	革寨水库	小计
丰水年	4682	5143	625	2071	0	26671	34510		2678	24314	26992	538	23047	23585
平水年	4895	5527	1063	2356	0	29542	38488		3670	25965	29635	113	25073	25186
枯水年	5134	5956	1691	2666	0	34163	44476		4082	29045	33127	335	27840	28175
特枯水年	5505	6298	2098	2925	141	36311	47773		4434	29752	34186	169	28690	28859
多年平均	4951	5618	1155	2441	33	29727	38974		3528	26374	29902	309	25274	25583

分水口	东大分水口				麻线河分水口					渠尾分水口		
供水对象	黄高羊	东大支渠	桂松干渠	小计	黄高羊	马广凯	桂松干渠	红枫湖	小计	普马沙	桂松干渠	小计
丰水年	2262	754	24422	27438	1169	1216	3731	17328	23444	29	3554	3583
平水年	2345	801	25992	29138	1730	1435	4458	17328	24951	29	4252	4281
枯水年	2418	956	26905	30279	2332	1681	4488	17328	25829	93	4216	4309
特枯水年	2462	1045	26615	30122	2382	1781	4059	17328	25550	50	3847	3897
多年平均	2335	831	25766	28932	1749	1454	4204	17328	24735	48	3988	4036

参 考 文 献

［1］ Little J D C. The use of storage water in a hydroelectric system ［J］. Operation Research, 1955, 3 (2).

［2］ Maass A, Hufschmidt M, Dorfman R, Thomas H, Marglin s, Fair G. Design of water - resource systems ［M］. Harvard University Perss, Cambridge, Mass, 1962.

［3］ Young G K. Finding Resevoir operating rules ［J］. Journal of Hydrology, 1967, 93 (HY6): 197 - 321.

［4］ Mesarovic M D, Maeko D, Takahara Y. Theory of hierarchical multievel systems ［M］. New York: Academic Press, 1970.

［5］ David S J. Multiple objective optimization with vector evaluated genetic algorithms ［C］// Proceedings of the First International Conference on Genetic Algorithms, Lawrence Erlbaum, 1985: 93 - 100.

［6］ Wurbs R A. Reservoir - system simulation and optimization models ［J］. Journal of Water Resources Planning and Management, 1993, 119 (4), 445 - 472.

［7］ Wurbs R A. Modeling and analysis of reservoir system operations ［M］. Prentice - Hall, Upper Saddle River, N. J. , 1996.

［8］ YIN Mingwan, DAI Jiang. Optimization about the peak - load regulating capacity of the cascade hydroelectric stations of Three Gorges ［C］. Proceedings of the International Conference Hydropower. Beijing: China WaterPower Press, 1996, 2: 666 - 671.

［9］ REDDY M J, KUMAR D N. Multi - objective particle swarm optimization for generating optimal trade - offs in reservoir operation ［J］. Hydrological Processes, 2007, 21 (21): 2897 - 2909.

［10］ Karamouz M, Ahmadi A. and Moridi A. , Probabilistic reservoir operation using bayesian stochastic model and support vector machine ［J］. Advances in Water Resources, 2009, 32 (11): 1588 - 1600.

［11］ Soltani F R. Kerachian and Shirangi E. , Developing operating rules for reservoirs considering the water quality issues: Application of ANFIS - based surrogate models ［J］. Expert Systems with Applications, 2010, 37 (9): 6639 - 6645.

［12］ Malekmohammadi B, Zahraie B. and Kerachian R. , Ranking solutions of multi - objective reservoir operation optimization models using multi - criteria decision analysis ［J］. Expert Systems with Applications, 2011, 38 (6): 7851 - 7863.

［13］ Ncube S P, et al. Reservoir operation under variable climate: Case of Rozva dam, Zimbabwe ［J］. Physics and Chemistry of the Earth, Parts A/B/C, 2011, 36 (14 - 15): 1112 - 1119.

［14］ Kamodkar R U and Regulwar D G. , Optimal multiobjective reservoir operation with fuzzy decision variables and resources: A compromise approach ［J］. Journal of Hydro - environment Research, 2014, 8 (4): 428 - 440.

［15］ Motevalli M, et al. Using Monte - Carlo approach for analysis of quantitative and qualitative operation of reservoirs system with regard to the inflow uncertainty ［J］. Journal of African Earth Sciences, 2015, 105: 1 - 16.

［16］ Gebretsadik. Optimized reservoir operation model of regional wind and hydropower integration case study：Zambezi basin and South Africa [J]. Applied Energy, 2016，161：574 - 582.

[17] 大连工学院水利系水工教研室，大伙房水库工程管理局. 水库控制运用 [M]. 北京：水利电力出版社，1978.

[18] 施熙灿，林翔岳，梁青福，等. 考虑保证率约束的马氏决策规划在水电站水库优化调度中的应用 [J]. 水力发电学报，1982，10 (2)：11 - 21.

[19] 张勇传. 水电能优化管理 [M]. 武汉：华中理工大学出版社，1987.

[20] 董子敖. 水库群调度与规划的优化理论和应用 [M]. 济南：山东科学技术出版社，1989.

[21] 冯尚友. 多目标决策理论方法与应用 [M]. 武汉：华中理工大学出版社，1990.

[22] 黄强. 模糊动态规划在水库调度中的应用 [J]. 水资源与水工程学报，1993 (2)：22 - 29.

[23] 胡铁松，万永华，冯尚友，等. 水库群优化调度函数的人工神经网络方法研究 [J]. 水科学进展，1995，6 (1)：53 - 60.

[24] 尹明万，戴江. 三峡梯级水电站群调峰作用优化 [J]. 中国三峡建设，1997 (7)：19 - 21.

[25] 尹明万. 三峡梯级水电站汛期日运行方式优化 [J]. 水利学报，1998 (2)：79 - 83.

[26] 尹明万，甘泓，汪党献，等. 智能型水供需平衡模型及其应用 [J]. 水利学报，2000 (10)：71 - 76.

[27] 郭生练. 水库调度综合自动化系统 [M]. 武汉：武汉水利电力大学出版社，2000.

[28] 刘攀. 水库洪水资源化调度关键技术研究 [D]. 武汉：武汉大学，2005.

[29] 裴哲义，姚志宗，郭生练，等. 中国水库调度工作近年来的成就与展望 [J]. 水电自动化与大坝监测，2004，28 (1)：1 - 3.

[30] 艾学山，冉本银. FS - DDDP 方法及其在水库群优化调度中的应用 [J]. 水电自动化与大坝监测，2007，31 (1)：13 - 16.

[31] 黄强，张洪波，原文林，等. 基于模拟差分演化算法的梯级水库优化调度图研究 [J]. 水力发电学报，2008，27 (6)：13 - 17.

[32] 徐国宾，王健，马超. 耦合水质目标的三峡水库非汛期多目标优化调度模型 [J]. 水力发电学报，2011，30 (3)：78 - 84.

[33] 郭旭宁，胡铁松，曾祥，等. 基于调度规则的水库群供水能力与风险分析 [J]. 水利学报，2013，44 (6)：664 - 672.

[34] 胡和平，刘登峰，田富强，等. 基于生态流量过程线的水库生态调度方法研究 [J]. 水科学进展，2008，19 (3)：325 - 332.

[35] 杨光，郭生练，李立平，等. 考虑未来径流变化的丹江口水库多目标调度规则研究 [J]. 水力发电学报，2015，34 (12)：54 - 63.

[36] 吴恒卿，黄强，徐炜，等. 基于聚合模型的水库群引水与供水多目标优化调度 [J]. 农业工程学报，2016，32 (1)：140 - 146.

[37] 赵铜铁钢，雷晓辉，蒋云钟，等. 水库调度决策单调性与动态规划算法改进 [J]. 水利学报，2012，43 (4)：414 - 421.

[38] Zhou R，Yang K. Optimal operation study of qing River cascade reservoirs based on GA with uncertainty and flow transmission considered [J]. Procedia Engineering, 2012，28：448 - 452.

[39] 原文林，曲晓宁. 混沌蚁群优化算法在梯级水库发电优化调度中的应用研究 [J]. 水力发电学报，2013，32 (3)：47 - 54＋61.

[40] Afshar M H. Large scale reservoir operation by Constrained Particle Swarm Optimization algorithms [J]. Journal of Hydro - environment Research, 2012，6 (1)：75 - 87.

[41] Ming Hu，Guo H Huang，Wei Sun. Optimal operation of multi - reservoir hydropower systems using enhanced comprehensive learning particle swarm optimization [J]. Journal of Hydro - environment Research, 2016，10 (6)：50 - 63.

［42］ Koopmans T C. Activity analysis of production and allocation ［J］. Journal of Computing in Civil Engineering，1952，58 (3)：395 - 396.

［43］ Charnes A and Cooper W W. Chance - constrained programming ［M］，Management Sciences，1959.

［44］ Keency R L.，Raiffa H. Decisions with multiple objectives - preferences and value tradeoffs ［M］. Cambridge University Press，Cambridge & New York，1993.

［45］ 董子敖，闫建生，尚忠昌，等. 改变约束法和国民经济效益最大准则在水电站水库优化调度中的应用 ［J］. 水力发电学报，1983，2：1 - 11.

［46］ 董子敖，阎建生. 计入径流时间空间相关关系的梯级水库群优化调度的多层次法 ［J］. 水电能源科学，1987，5 (1)：29 - 40.

［47］ 胡振鹏，冯尚友. 大系统多目标递阶分析的"分解-聚合"方法 ［J］. 系统工程学报，1988，1：5 - 6.

［48］ 林翔岳，许丹萍，潘敏贞. 综合利用水库群多目标优化调度 ［J］. 水科学进展，1992，2：15 - 17.

［49］ 范祥莉. 梯级水电站群中长期多目标优化调度方法 ［D］. 大连：大连理工大学，2010.

［50］ 武新宇，范祥莉，程春田，等. 基于灰色关联度与理想点法的梯级水电站多目标优化调度方法 ［J］. 水利学报，2012，43 (4)：422 - 428.

［51］ 魏加华，张远东. 基于多目标遗传算法的巨型水库群发电优化调度 ［J］. 地学前缘，2010，17 (6)：255 - 262.

［52］ 周建中，李英海，肖舸，等. 基于混合粒子群算法的梯级水电站多目标优化调度 ［J］. 水利学报，2010，41 (10)：1212 - 1219.

［53］ 赵铜铁钢. 考虑水文预报不确定性的水库优化调度研究 ［D］. 北京：清华大学，2013.

［54］ 陈璐，卢韦伟，周建中，等. 水文预报不确定性对水库防洪调度的影响分析 ［J］. 水利学报，2016，47 (1)：77 - 84.

［55］ 汪芸，郭生练，周研来. 水库长期发电优化调度的不确定性分析 ［J］. 水电能源科学，2014，32 (3)：61 - 65，43.

［56］ 刘攀，赵静飞，李立平，等. 水库优化调度中的异轨同效问题 ［J］. 水利水电科技进展，2013 (2)：5 - 8+82.

［57］ Celeste A B Billib. Evaluation of stochastic reservoir operation optimization models ［J］. Advances in Water Resources，2009，32 (9)：1429 - 1443.

［58］ 王昱倩. 基于随机动态规划的梯级水电站水库群机会约束优化调度规则 ［D］. 大连：大连理工大学，2013.

［59］ 纪昌明，周婷，王丽萍，等. 水库水电站中长期隐随机优化调度综述 ［J］. 电力系统自动化，2013，37 (16)：129 - 135.

［60］ 王浩，游进军. 水资源合理配置研究历程与进展 ［J］. 水利学报，2008，39 (10)：1168 - 1175.

［61］ 吴泽宁，索丽生. 水资源优化配置研究进展 ［J］. 灌溉排水学报，2004，23 (2)：1 - 5.

［62］ 尹明万，谢新民，王浩，等. 基于生活、生产和生态环境用水的水资源配置模型研究 ［J］. 水利水电科技进展，2004，24 (2)：5 - 8.

［63］ 魏传江，韩俊山，韩素华. 流域/区域水资源全要素优化配置关键技术及示范 ［M］. 北京：中国水利水电出版社，2012.

［64］ 侯丽娜. 基于来水和需水的周期规律及不确定性的水资源配置模型 ［D］. 北京：中国水利水电科学研究院，2013.

［65］ 杨立疆. 基于周期序贯决策的水库群多目标优化调度研究 ［D］. 北京：中国水利水电科学研究院，2015.

［66］ 孟碟. 黔中水利枢纽工程水资源调配与经济核算研究 ［D］. 天津：天津大学，2013.

[67] 雷晓辉，王旭，蒋云钟，等．通用水资源调配模型 WROOM Ⅰ：理论 [J]．水利学报，2012 (2)：225-231．

[68] 雷晓辉，王旭，蒋云钟，等．通用水资源调配模型 WROOM Ⅱ：应用 [J]．水利学报，2012 (3)：282-288．

[69] 黄草，王忠静，鲁军，等．长江上游水库群多目标优化调度模型及应用研究 Ⅱ：水库群调度规则及蓄放次序 [J]．水利学报，2014 (10)：1175-1183．

[70] 黄草，王忠静，李书飞，等．长江上游水库群多目标优化调度模型及应用研究 Ⅰ：模型原理及求解 [J]．水利学报，2014，45 (9)：1009-1018．

[71] 胡铁松，曾祥，郭旭宁，等．并联供水水库解析调度规则研究 Ⅰ：两阶段模型 [J]．水利学报，2014 (8)：883-891．

[72] 陈传椿．智能水利远程监控系统解决方案 [J]．中国水利，2004 (3)．

[73] 王建．大坝安全监控集成智能专家系统关键技术研究 [D]．南京：河海大学，2002．

[74] 张玉燕，黄晞淳，武佳枚．浅谈视频监控系统在水利行业中的应用趋势 [J]．山东水利，2009 (8)．

[75] 阳美文．基于 RS-485 总线的闸门监控系统设计与开发 [D]．大连：大连理工大学，2006．

[76] 江玉才，余阳，瞿杨继，等．水资源智能视频监控系统设计 [J]．水利信息化，2014 (3)．

[77] 辛文发．浅析网络化水利水电工程监控技术分析 [J]．科技创新导报，2013 (32)．

[78] 邱金龙．工业控制系统信息安全的未来趋势 [J]．信息安全与管理，2016 (4)．

[79] 谭维炎，黄守信．应用随机动态规划进行水电站水库的优化调度 [J]．水利学报，1982，13 (7)：8-51．

[80] 刘鑫卿，付昭阳，揭明兰，等．水库优化调度程序包的研究与应用 [J]．水电能源科学，1985，3 (4)：345-358．

[81] 张勇传，邴凤山，刘鑫卿，等．水库群优化调度理论的研究——SEPOA 方法 [J]．水电能源科学，1987，7 (3)：234-244．

[82] 胡振鹏，冯尚友．大系统多目标递阶分析的"分解-聚合"方法 [J]．系统工程学报，1988，3 (1)：56-64．

[83] 姚华明，张勇传，钟琦，等．双状态动态规划算法（BSDP）及其在水库群补偿调节中的应用 [J]．人民长江，1988，8 (10)：11-16．

[84] 张勇传，刘鑫卿，王麦力，等．水库群优化调度函数 [J]．水电能源科学，1988，6 (1)：69-79．

[85] 董子敖，李瑛，阎建生．串并混联水电站优化调度与补偿调节多目标多层次模型 [J]．水力发电学报，1989，6 (2)：8-22．

[86] 林峰，戴国瑞．库群优化调度的随机动态规划参数迭代法 [J]．武汉水利电力学院学报，1989，22 (4)：55-61．

[87] 梁年生，管家宝，程新明，等．逐次优化法在水电站群联合优化调度中的应用 [J]．水电能源科学，1989，7 (4)：344-353．

[88] 沈金毛，赵懿旗．考虑径流时空相关的梯级水电站水库群优化调度 [J]．水利经济，1989，6 (3)：19-26．

[89] 刘肇祎，袁宏源，谢崇宝．关联变量法在多目标梯级水库群优化调度中的应用 [J]．水电能源科学，1991，9 (4)：281-287．

[90] 黄强．用模糊动态规划法进行水电站水库优化调度 [J]．水力发电学报，1993，7 (1)：27-36．

[91] 解建仓，田峰巍，颜竹丘．梯级水电站群优化调度研究 [J]．系统工程理论与实践，1993，7 (5)：52-58．

[92] 陈守煜，邱林．水资源系统多目标模糊优选随机动态规划及实例 [J]．水利学报，1993，9 (8)：43-48．

[93] 谢新民，陈守煜，王本德，等. 水电站水库群模糊优化调度模型与目标协调——模糊规划法 [J]. 水科学进展，1995，6（3）：189－197.

[94] 杨侃. 水库优化调度中增量动态规划收敛性研究 [J]. 水科学进展，1995，S1：23－29.

[95] 万俊，陈惠源. 水电站群优化调度分解协调——聚合分解复合模型研究 [J]. 水力发电学报，1996，9（2）：41－50.

[96] 梅亚东. 梯级水库优化调度的有后效性动态规划模型及应用 [J]. 水科学进展，2000，11（2）：194－198.

[97] 杨侃，刘云波. 基于多目标分析的库群系统分解协调宏观决策方法研究 [J]. 水科学进展，2001，12（2）：232－236.

[98] 王金文，王仁权，张勇传，等. 逐次逼近随机动态规划及库群优化调度 [J]. 人民长江，2002，33（11）：45－47＋54.

[99] 李义，李承军，周建中. POA－DPSA 混合算法在短期优化调度中的应用 [J]. 水电能源科学，2004，22（1）：37－39.

[100] 徐刚，马光文，梁武湖，等. 蚁群算法在水库优化调度中的应用 [J]. 水科学进展，2005，16（3）：397－400.

[101] 尹正杰，胡铁松，吴运卿. 基于多目标遗传算法的综合利用水库优化调度图求解 [J]. 武汉大学学报（工学版），2005，38（6）：40－44.

[102] 李崇浩，纪昌明，李文武. 改进微粒群算法及其在水库优化调度中的应用 [J]. 中国农村水利水电，2006，10（2）：54－56.

[103] 梅亚东，熊莹，陈立华. 梯级水库综合利用调度的动态规划方法研究 [J]. 水力发电学报，2007，26（2）：1－4.

[104] 吴杰康，郭壮志，秦砺寒，等. 基于连续线性规划的梯级水电站优化调度 [J]. 电网技术，2009，33（8）：24－29＋40.

[105] 李想，魏加华，姚晨晨，等. 基于并行动态规划的水库群优化 [J]. 清华大学学报（自然科学版），2013，53（9）：1235－1240.

[106] 冯仲恺，程春田，牛文静，等. 均匀动态规划方法及其在水电系统优化调度中的应用 [J]. 水利学报，2015，46（12）：1487－1496.

[107] 张诚，周建中，王超，等. 梯级水电站优化调度的变阶段逐步优化算法 [J]. 水力发电学报，2016，35（4）：12－21.

[108] Ronald A Howard. Dynamic programming and Markov processes [J]. Cambridge，Mass，1960.

[109] George K Young. Finding reservoir operation rules [J]. J. Hydraul. Div. Am. Soc. Civ. Eng，93（HY6）1967.

[110] Warren A Hall. Optimum operations for planning ofacomplex water resources system [J]. Tech，Rep. 122，Water Resources. Cent，1967.

[111] Windsor. J S. Optimization model for reservoir flood control [J]. Water Resources Research，1973，9（5）：1103－1114.

[112] Becker L W W G Teh. Optimal timing，Sequencing and sizing of multiple－reservoir surface water supply facilities [J]. Water Resources，1974，10（1）.

[113] Howson H R and Sancho. N G F. A new algorithm for the solution of multistate dynamic program-ming problems [J]. Math. Program，1975，8（1）.

[114] Lewis A Rossman. Reliability－constrained dynamic programming and randomized release rules in reservoir management [J]. Water Resources Research，1977，13（2）.

[115] Turgeon. Optimal short－term Hydro scheduling from the principle of progressive optimality [J]. Water Resources Research，1981，17（3）：481－486.

［116］ Akter T，Simonovic S P. Modelling uncertainties in short‐term reservoir operation using fuzzy sets and a genetic algorithm/Modélisation d'incertitudes dans la gestion de barrage à court terme grâce à des ensembles flous et à un algorithme génétique ［J］. Hydrological Sciences Journal，2004，49 (6)：1081‐1098.

［117］ Holland. J H. Adaptation in Natural and Artificial Systems ［M］. Chicago：University of Michigan Press，Arbor，1975.

［118］ Oliveira R，Loucks. D P. Operating Rules for multireservoir systems ［J］. Water Resources Re‐search，1997，33 (4)：839‐852.

［119］ Mohd Sharif，Robin Wardlaw. Multireservoir systems optimization using genetic algorithm：case study ［J］. Journal of Computing in Civil Engineering，2000，14 (4)：255‐263.

［120］ Huang Wen Cheng，Yuan Lun Chin，Lee Chi Ming. Lingking genetic algorithms with stochastic dynamic programming to the long‐term operation of a multireservoir system ［J］. Water Re‐sources Research，2002，38 (12)：1304‐1310.

［121］ 王文圣，丁晶，金菊良. 随机水文学 ［M］. 2 版. 北京：中国水利水电出版社，2008.

［122］ 朱党生，等. 河流开发与流域生态安全 ［M］. 北京：中国水利水电出版社，2012.

［123］ 贵州省水利水电勘测设计研究院. 黔中水利枢纽一期工程可行性研究报告 ［R］. 2008.

［124］ 贵州省水利水电勘测设计研究院. 黔中水利枢纽一期工程水资源论证报告 ［R］. 2008.

［125］ 贵州省水利水电勘测设计研究院. 黔中水利枢纽一期工程规划符合性论证报告 ［R］. 2008.

［126］ 贵州省水利水电勘测设计研究院. 黔中水利枢纽一期工程防洪评价报告 ［R］. 2009.

［127］ 贵州省水利厅，贵州省水利水电勘测设计研究院. 贵州省农村人口人均半亩口粮田水利建设规划报告 ［R］. 2009.

［128］ 贵州省水利水电勘测设计研究院. 黔中水利枢纽一期工程初步设计报告 ［R］. 2009.